Character and
the Conduct
of Life

性格的力量

〔美〕威廉·麦独孤 ———— 著
（William McDougall）

肖剑 ———— 译

中国友谊出版公司

图书在版编目（ＣＩＰ）数据

性格的力量 /（美）威廉·麦独孤著；肖剑译 . --
北京：中国友谊出版公司，2019.9

书名原文：Character and the Conduct of Life

ISBN 978-7-5057-4724-1

Ⅰ．①性… Ⅱ．①威… ②肖… Ⅲ．①性格－通俗读
物 Ⅳ．① B848.6-49

中国版本图书馆 CIP 数据核字 (2019) 第 089509 号

书名	**性格的力量**
作者	[美] 威廉·麦独孤
译者	肖　剑
出版	中国友谊出版公司
发行	中国友谊出版公司
经销	新华书店
印刷	天津中印联印务有限公司
规格	710×1000 毫米　16 开
	15 印张　181 千字
版次	2019 年 9 月第 1 版
印次	2019 年 9 月第 1 次印刷
书号	ISBN 978-7-5057-4724-1
定价	46.80 元
地址	北京市朝阳区西坝河南里 17 号楼
邮编	100028
电话	(010) 64678009

致我的妻子

我对性格的任何了解，都要归功于她敏锐的洞察力。

美国版前言

在这个时代，有智慧地生活在当今比在以往任何时代都要困难！

我们社会仍然不乏德高望重的哲学家，但是，只要涉及准则问题，他们总是会与这样一些古老的难题较劲：诸如"善的本质""恶的问题"以及"为什么所有人都会追求美好的生活"。辩论家的态度则要温和一些。鉴于两千年的讨论都没能够回答这些高深而又基本的问题，辩论家们会很乐意从以下两个事实开始：首先，很多人都追求智慧和美好的生活，都更向善而不是向恶；第二，尽管哲学家对其问题所给出的答案是各不相同的，而任何时代以及拥有巨大差异的不同信仰和文明的人们，对于何为好、何为坏的准则和性格这一点的意见却是非常相似的，唯一的不同就是他们各自更强调这种或那种品质。有这两个事实作为前提，他们希望帮助一些男男女女很好地反省他们自己的生活准则，以避免一些短期内能获得刺激、但从长远看却可能减少其快乐的错误。

这样的事，就是我在这本书里想要努力尝试的。它写给那些男男女女，写给那些善良但对自己不完全满意的人们，这一类人认为思考可能会提高其道德水平和他们奔向理想的速度——不管这种提高能有多少。如果我们要总结人性可能是什么、该如何引导它往好的方向发展的观点时，我们就必须从自然赋予我们的原素及概念开始！

在经过了三分之一个世纪的努力以获取这种人性原素的独到观点之后，我觉得自己有理由利用这些已经取得的成果。这些成果在我先前写的几卷书（主要是在我的《心理学概论》的两册书里）中或多或少更注重的是技术层面。而在本书里，我会把这些成果作为起点，只简明扼要地交代它们，而主要内容是把它们应用到实际问题上。然而，尽管我之前的书几乎全是学术性的，但我并不完全是实践应用方面的新手。就我自己而言，最主要、最基本的兴趣是实践或准则的问题，其次才是自己推理性或理论性的偏好。

因为本书以一系列经过缜密思考的人性的体系为基础，也包括实际的应用，那么，本书最大特点就是它比其他只针对生活的准则并提供实践向导的同类书籍更加深刻。

这种通常被称为心理学的科学，因其体系纷繁复杂且研究它极为困难，还曾经教给人们许多片面、扭曲的观点及诸多错误，结果是它引导了许多错误的实践，而其名声也变得狼藉起来。但我坚信，近几年这种科学已经有了真正的、可靠的进步，并总结出了一系列正确的理论，它们既可以作为实践的坚实基础，也可以指引我们完全开发和充分利用自己所拥有的一切力量。

然而，仅有科学是不够的。

尽管一种科学的原理或许能够很快被吸收，但它并不精彩、深刻。分享心灵的智慧则完全不同，它是我们生命的重要部分，只有经历过快乐、忧伤、希望、失望、努力、失败和成功才能实现。我对此深信不疑！

尽管我是一个十足的保守派并且相信年龄总的来说会带来智慧的增长，但我并不蔑视青年。我对现在的年轻人唯一要提出的严肃忠告是，他们太容易允许自己成为当代科技生活的牺牲品。这种生活以多种微妙的方式束缚我们的想象力和意志，并把浪漫从我们的生活中剥离出去。对于我们来说从中国直接飞到秘鲁看上去可能浪漫且让人兴奋，但是想象如果这样的航班每天有上千个，而且所有都是千篇一律的：固定的价格、固定的航班、配有现代酒店的各种奢华，那它还会让你兴奋和激动不已吗？从前人们总是想象这样一种景象，即一个男孩跑到海上，"在桅杆前度过两年"。而如今，桅杆已经被电动起重机所替代。并且，如果一个男孩想要去海上，他也很难摆脱其母亲能力可及的范围，而他母亲或许还在担心他的内衣有没有洗。昨天，查尔斯·蒙塔古·道蒂把他花了两年时间在阿拉伯沙漠旅行的经历写进一本不朽的书里①。明天，我们热爱冒险的年轻人就会在福特车或是飞机上匆忙地穿越同样的土地，回来时带回的只是他们对发动机驾驶品质的意见。

我说这些的目的是想指出在我看来的当今最大的危险，以及未来最大的威胁。这种危险在美国已经成形，在那里，每年都有成千上万的年轻人被以科学的名义来教导，以使之相信人其实只是一个机器，对其命运根本没有力量也没有影响。为了反对这种宿命论的教条，我从最初的写作开始就从来没有停止过在我微小的领域里与它做斗争。显然这与本书的倾向和教导不能完全相容，因为本书建立在如下观点之上：一是人和种族可能"以他们死亡的自我为垫脚石而步步高升"；二是前途可能看起来很黑暗，而堕落之门也还对无法估量的人们开放着。

本书的一些读者或许会指责它存在严重的纰漏——宗教色彩过于浓厚。然而，我没有试图讲述任何有关宗教在人生中的正确角色的话题，我

---

① 即《阿拉伯沙漠旅行记》。——译者注

对这个庞大的话题没有自信的意见。如果我有一个宗教，它的第一条戒律就是：我们应该忠实地寻找真理。我会跟爱默生一起说："上帝给每颗心以权力使之能够在真理和安宁之间选择。选择你认为合适的，你永远不可能同时拥有这二者。"

威廉·麦独孤

1927 年 4 月，写于沙捞越^①

---

① 沙捞越（Sarawak），马来西亚的一个州。——译者注

推荐序　麦独孤提供给繁华浮世的心疗良方

　　这个时代日趋喧嚣浮华，让人越来越难以把握。单以近来充斥网络的内容为例，各种"门"事件甚嚣尘上，各种炒作轮番轰炸人们的视觉神经。尤其近两年，这些炒作还出现了一个趋势，那就是越来越多以小人物为蓝本，一朝成名的事件屡出不穷。在炒作过程中，小人物不怕自曝其短以赚取他人的眼球，关注他们的人则抱着各种心态——有真心同情的，有看笑话的，有猎奇的……以至于人们常常困惑于这样一个问题：现在的人都怎么了？

　　是的，这种情况迷惑了一个时代，迷茫了各个年龄段的人。很难说是人们的信仰日益缺乏、心理愈发贫瘠导致了这种情况，还是这种情况的出现根本就是文明进步、人们日益强调个性强调差异的结果，又抑或是二者兼而有之。不管是哪种情况，在人们的视听如此发达、所受诱惑如此繁多、接触的事物如此纷繁复杂的环境中，如何能始终保持自己的本性和前进方向、不迷失自己，如何能更好地实现自己的价值成了很多人穷其一生的追求。在从童年到老年的成长、成熟过程之中，人们经历了太多——从孩提时代受教育到少年时期的懵懂；从青年时期的热情奔放到中年时代的沉稳内敛；从为人夫为人妻的磨合到步入老年的平静。在这样的一些阶段之中，有哪些准则是人们必须要遵守的？这些准则如何来之有据而又经得起考验？

准则———一个饱含智慧与希望的词。说智慧是因为准则的提出者总是大师级的人物，抑或说准则能集众家之长、历经千百年的考验而不减其光泽；而说希望则正是因为其中蕴含的是大师或者集体的智慧。芸芸众生，绝大多数注定此生只能踽踽于俗世之中，而对于准则的追捧则正是出于对大师与智慧的仰望。就像朝圣者一样，虔诚地奉行着这些准则，以延续此生不灭的希望。

这样的一些准则正是作者威廉·麦独孤想在本书中提供给读者的。麦独孤当然是大师，其成名甚至远较华生为早。1871 年出生于英国的他曾在曼彻斯特大学和剑桥大学接受了优质的高等教育，在获得医学学位之前，他在生理学方面的成就得到了人们的普遍称赞。后来他移居美国，进入哈佛大学研究院，并成为杜克大学心理学系主任。

麦独孤十分强调活动、行动和行为在心理学中的作用。在华生之前，他就把心理学界定为与行为有关的实证科学，但他同时认为心理活动是有机体整个功能系统的组成部分。因而，心理学既要研究心理活动，也要研究行为，而且心理学与社会学和生理学是密切相关的。他早期的著作，如《生理心理学》和《社会心理学导论》反映了他学术观点的广泛性。其中出版于 1908 年的《社会心理学导论》，被公认为社会心理学领域的第一部作品，学术界把这一年定为社会心理学诞生的年代。

在麦独孤看来，有目的的行为是心理活动和行为的中心特征。他认为，从低等动物到人类，其行为都是指向满足环境中的客体的需要的。这一认识，麦独孤领先于他同时代的绝大多数心理学家。在心理学研究方法论上，他与詹姆士一样，是个多元方法论者，但他比詹姆士表现得更明显。他认为，心理学不应该模仿其他学科，而应有勇气运用适于其独特研究对象的方法。

麦氏的作品大多专业性较强，这些作品对于心理学家们来说，自然是十分熟悉的；而对那些不甚了解心理学的读者来说，或许就十分晦涩难懂了。但本书——《性格的力量》则是一部"针对每一个人的实用心理学"，它能够帮助人们认识自己的性格，理解日常生活中的各种准则。因此，本书也可以作为通俗心理学读物。麦独孤运用自己丰富、专业的心理学知识，结合社会生活实际，成就了本书，以飨所有追求更美好生活的读者。

——我们都应该对他说声谢谢。

本书是源自麦氏"经过三分之一个世纪的努力获得的对人性本源的理解"，"其主要内容是把它们应用到实际准则问题上"。麦独孤在本书中不仅从总体上论述人类共通的人性特点，从性格的各个方面分别讲述它们与性格的关系以及怎样修正其不足，还从更高层面上论述"智力与德行兼备的品质"，即既有智慧又有高尚品质的人的性格是什么样的。此外，本书还给人们展示了人性的常见特点，并针对这些特点提出相应的建议。最后，麦独孤还对处于各个年龄段的人分别论述了他们在日常生活中的各种行为准则。因此，每个人均可以从本书中找适合自己的行为准则。

需要特别说明的一点是，麦独孤在本书中专门讲解了父母与孩子的性格、两性的性格差异以及在彼此之间的交流中应该注意的一些准则，这些准则虽然是由生活在 20 世纪的人提出来的，但都是麦氏心理学专业知识和智慧的结晶，对今天的儿童教育和两性交往依然行之有效。因此家长们也可以从中找到接近孩子心理、科学教育孩子的方法；而男男女女们也可以从中获益良多。

——我们应该再次对他说声谢谢。

爱尔兰伟大的作家莱基曾经说过："人类生活的主要目标就是完全开发和充分利用我们所拥有的一切力量。"然而，任何人穷其一生都不可能完全开发和利用自己的才能，因为人的潜能是无穷无尽的；也因为人类对自身才能的开发还远远没有达到先进的、可以与其才能相匹敌的程度，所以人类能做的就是尽自己最大的努力开发和利用这些自己天赋的或是后天培养出来的力量。本书提供给人们的正是开发、利用、培养人们这些能力的方法和准则，是繁华浮世的心疗良方。

是为序。

著名心理咨询师、治疗培训师

目　录　CONTENTS

第一部分：性格是什么

第一部分
性格是什么

第一章　内省的需要

"了解你自己"，这是很早以前就被智者作为最基本最重要的事情而提出的话题。在我们这个现代世界，它的重要性甚至比以往任何时候都更显著。自我认知只有在批判性地反省自我、他人以及我们与他人的关系之时才能得到。自我反省需要把目光向内看：你必须深入内心，观察思想的活动、心脏的搏动、意识的作用、需求的本性与方向以及我们能发现的畏缩、反感以及憎恶等情绪。你不仅必须去学习识别这些事情的表象，还要学会去评价它们——评价它们是好、是坏还是无足轻重；发现它们是深深根植于心，并普及和反复，还是仅仅短暂和偶尔出现。

那么，我的读者，我是在要求你内省吗？一个多么糟糕的词！难道学校里的每一个教师没有吓得把手举起来，告诉你内省是一种病态吗？他会解释自己学校里的课程安排得是如此之好，他的学生们不会再有变得内省的危险；他们的每一刻钟都排满了课程、预习和游戏；他们被各种要求包围着，以至于他们忙于投身他们周围的世界，却没有剩下来时间思考他们自身，思考人类命运，思考人类生活的奇特，思考生命的成长、衰落和死亡，以及自我意识、自我引导和道德责任。在这个英国公立学校和牛津大学都完全采纳的体系之下，学生们形成了独立思考和行为的能力，学习遵守正确的原则（其中包括奉行宗教和遵守已制定的法律）。如果他的能力高于一般水平，他可能获得一种被世间人称为"成功"的东西，在一个行业里拥有发光发热的能力；如果他只是平均水平，他就必须开始独立地谋生，仅仅只是为了作为对日常工作重担的调剂，他才得以在那些空闲时间里做运动、打桥牌或玩爵士来消磨时间。虽然这一体系在某一程度上有效——它创造了公立学校模式——但这只能说明它是一种好的模式，但不是最高级的模式。这是一种只有当一切合理进行时才能良好发展的模式，只有当游戏按照规则进行才能玩游戏的模式，是一种一旦出错，就会令人感到迷惑、困惑、迷失的模式。

直到19世纪中期，一直都存在着很多赞成这种野蛮教育模式的言论。但是在过去的四分之三个世纪里，世界已经发生了迅猛的变化，社会生活和社会关系变得无比复杂。在过去，一个人生来就注定了属于某种特定的社会地位；只偶尔出现一两个非常优秀的人，能够脱离了原来的社会地位。在他出生的地方——他成为乡绅、农民、工人、艺术家、专业人员，或诸如此类的人——他的成长不可避免会接受一种传统习俗的准则，一种足够指引他大部分行为的准则。其中有十诫，有教堂；有针对他职业的特殊准则；有规定得非常明确的和他的社交圈所普遍接受的对良好行为的要求。只要他遵守这些，他就会如鱼得水，甚至偶尔背离这种严格的遵守也不会导致灾难性的结果。他绝不能偷窃，不能撒谎，他不应该通奸。他应该向当地慈善机构捐款，支持教堂、国王和国家，教导他的孩子敬畏上帝、敬畏他自己，教导他们尊重同样的准则并奉行同样的传统。

现在那些过时的生活方式、那些守旧的行为准则，甚至在过去都认为"迂腐"的准则，在今天更加不足以胜任了。今天，宗教的权威受到了极大的削弱：每种惯例都受到质疑、否定或被"报废"；每种传统都被炸毁；每种戒律和生活规律都显得与特定的情境相关联并附有条件。这样一来，体现在风俗、习惯和格言中的祖先的智慧，对我们而言不再足够了。每个人都面临无数的准则问题，他们被迫自己来解决这些问题。我们古代的祖先依靠本能加一点点智慧而生活；我们的前辈依靠积累下来的传统的指引而生活，这些传统——在某种程度上——控制他们的本能冲动。而我们，被赋予同样强大的本能和同样少的智慧，又缺乏被广为接受的传统的指引，因此不得不试着靠理性之光来生活。我们所在之处，每种个人关系都给我们带来问题，而我们必须用自己所能采取的最好的方式去解决它们。

想想现代的父母。与其祖先不同，他们不能教给孩子问答教学法，不能在孩子们不听话的时候严惩他们，也不能训练孩子们做父辈和祖辈自太古以来就一直在做的事情——在同样的上帝前鞠躬并崇拜同样的圣地。如果他们试图去执行这些不可能完成的任务，就只会激化孩子们的愤恨、轻蔑和鄙视，并使自己成为孩子一生的敌人。

想想现代的孩子们。他们从周遭听到的都是：过去的人们把事情弄得一团糟，过去的方式又愚蠢又错误；他们看到长辈们或是盲目地探索新的光明或是刻板地死守旧的形式，并在试图使旧瓶装新酒的徒劳中把苦恼留给自己和周围的一切。他们还被告知自己应该创造一个新的社交世界，一个比旧的世界更美好、更自由、更清醒、更快乐的世界。所有旧的地标都被移除，所有旧的机构都在经历彻底的变革；婚姻、两性、旧的政治信仰、旧的文学和艺术以及礼仪的品位标准——一切都受到质疑，一切都受到新的竞争者的威胁——它们不再能够被简单地、虔诚地接受。诸神的黄昏笼罩着我们。在所有的事情上，年轻人都随着自己的性子来做评判，自己决定什么是好、什么是坏、什么是值得尊敬赞美的、什么是华而不实或者卑鄙的。

无论是老年人、年轻人还是中年人都一样，我们必须要激励自己，用我们最好的判断力，对一切事物都重新思考、辨别、选择与摒弃，并且，如果可能的话，通过对过去所有时代、所有地点提供的一切旧的模式进行挑选，通过独创的试验，我们必须想出生活行为的新准则、新指导。而我们当中那些试图逃避这项艰巨任务的人，那些希望单独依照旧的传统生活的人会发现，新旧冲突必然产生苦恼、疏远和愤恨。他们对行为反省的需要一点儿也不会比其他人少。

在所有这些试验、发明、选择的骚动中，我们第一需要的是对人性的理解：对他人的理解和对我们自身的理解——尤其是对我们自身的理解。自我认知是理解他人最好和最可靠的方式；而且它对于指引我们每个人过现代生活的浑水是必不可少的。一个人可能对其同伴了解甚深，然而对自己的优点和缺点、特质、脾气等，却熟视无睹。自我认知只有在对自我、对自己的品质、自己的缺点、自己的动机、自己的目标以及与自己生活息息相关的所有行为进行反省的基础之上才能获得。

有的人——女人多于男人——如此乐意受命于他人，如此乐意接受命运的安排，就好像他们看上去不需要自我反省和自我批评一样。他们的一切行为看上去都是正确而亲切、优雅而自然的。他们散布自己的幸福，似乎认为如果他们不是这样，我们不会愿意和他们在一起。想想，如果这些人都问他们自己这个问题：这是对的吗？那我为什么又要这样做呢？他们会活得更自在、洒脱。然而不幸的是，这样的人少到几乎没有。身体不健康、道德塌陷、社会地位的失去或巨大的改变，可能会使这样一个人脱离平坦的轨道；接着由于缺乏自我认知，失去了他人赞赏的目光之后，他们会变得迷茫而空虚，而这可能会导致失败和更多的不幸。

那么，怎样获得自我认知，并有效地应用到行为准则上去呢？最古老而最自然的方法是会话法。大多数男人和更多女人喜欢讨论私人问题。尽管这样可以学到很多，但这种方式最大的局限性就是我们更倾向于谈论别人的事：别人的性格、别人的美德、别人的缺点、别人的恶习……却看不到别人容忍着的所有那些发生在我们自己身上的情况。另一种我们获取人性知识的重要方法——艺术和文学也是这样。在戏剧、诗歌、传记，尤其是在现代小说中，我们有很多解析和反省人性与行为的伟大故事。然而有多少次，我们不是一再发现那些沉浸在别人故事里的读者，他们其实并没有从他们的观赏里受益多少么？他们可能在自己身上和行为上模仿那些他们多次在想象中模拟过的例子，但他们并没有展示出（看上去他们自己还浑然不觉）他们从其他人那里学到的值得欣赏和赞美的美德和风度。

那么，不要回避可以培养反省能力的自我批评，并把它作为生活这门艺术的基础部分。如果可以的话，在这个如此复杂的现代社会，我们会明智地选择我们的目标，努力有效地去取得它们，塑造我们良好的品格，有意义和幸福地生活。本书旨在帮助读者发扬生活艺术的这一基础部分，让读者在翻动书页时，能问问自己与每个讨论的主题相关的问题：这多大程度上适用于我？我会犯这种错误吗？我已经形成了这种令人赞赏的特质了吗？我也有这个缺点吗？我不能获得更多的那种优势吗？同时，本书还想让读者在实践中记住，每种行为、思想和感觉都会在我们的心上留下烙印，并对性格的形成有所贡献。

第二章　人性

我已经指出了一个方面，然而，在这个方面阅读关于人性的文学作品经常不能帮助自我批评、训练、发展；因为读者忽略了把这些文学作品中的明智的自省、深刻的剖析、优秀的榜样应用到其自身的情境上。我并非要贬低这种阅读的价值。我认为这种阅读，甚或是阅读二流小说，都是一种文明化过程，是一种使我们的人际关系变得不那么粗俗的过程。我确信很多鄙视看小说、认为那只是懒散女人打发时间和消遣的男人们，可能在阅读这些小说的过程中变成更好的情人、丈夫和父亲。一旦尝试过之后，他们可能自此从打高尔夫或桥牌的时间里抽出一点来匀给小说。

但是还有一个方面，这种阅读未能给读者提供他们所期望的那么多，即，用来描述和讨论行为与性格的语言非常模糊，使用的形容词和名词没有固定的含义，而且每个作家都以他自己的方式来使用它们。像乔治·爱略特或乔治·梅瑞狄斯这样伟大的作家可能成功地将一种个性描写得栩栩如生，使读者能深入洞察到他的动机和性格；然而这却是靠艺术过程达到的，就好像画家用丰富的笔触来描绘一幅肖像画，赋予它真实与美丽。一般来说，作家和读者都不知道产生的综合性效果会如何。我们需要更多科学性、分析性的研究来补充这种艺术的表现形式，在这种研究中我们尽力对所有使用的词给出固定与明确的含义。

因此，我在试图定义和人性相关的一些重要词语时，我开始了我们的研究。我不能说我所采用的方法是被普遍接受的，但在研究的过程中我们确实发现了一些有价值的成果。在此方法中缺少一致意见是我们必须克服的初步困难，我们只能试图在确定含义时果断坚决一点才能克服它。我这里所给出的定义在我其他几本专业书里有相当详细的解释和论证。

我们的天性

"我们共同的人性"这样的词句暗含一个公认的事实，即有很多我们称作人性的东西是所有人共有的——无论他是公爵还是清道夫，是学者还是野蛮人。相同的道理还包含在另一事实里面，即不管你去哪里，从中国到秘鲁或是从地球的一极到另一极，只需要一点点的友善，就很容易与你遇到的人产生共鸣。不说同一种语言并不是一个多严重的问题；在任何地方，一个微笑都会激起一个回应的微笑，大笑会引起大笑，痛苦和悲伤会引来同情。愤怒、恐惧、恶心、好奇、骄傲、谦卑和爱在任何地方都是以同样的方式——用脸部表情、声调、体态和姿势进行描绘，这并不会错。因为就连不会说太多话的小孩也能认出这些手势，并且迅速做出恰当的反应。有的人，任何种族的孩子看到他都会退缩；而有的人，任何国家的孩子看到他都会迅速地——几乎是立刻——回应以信任的微笑。

所有这些都是人类共有的天性范围宽广的证据。它存在于什么之中？它的范围有多大？现如今科学只能用一种假设与不完整的方式回答这些问题。

智力

所有人（我指的是所有正常人，不包括智障和有其他缺陷的人）生来都拥有我们含糊地称之为"智力"的东西。尽管他们不是生来就有现成的知识和技能，但却拥有潜在的通过观察获得知识和通过练习得到技能的能力，并且能够用获得的知识和技能或多或少有效地指导行动。获取知识和技能的能力我们称之为"记忆力"；有效应用它们的能力我们称之为"智力"。"智力"这个词，之所以被广泛使用，是因为它涵盖了广泛的适应性行为，从被烫伤过的孩子回避火，到发现新真理的想象力的闪光点。这种广义含糊的、我们称为"智力"的东西当然是可以经受住分析的，但是现在科学才刚开始这种分析工作，我们必须满足于陈述在现阶段看来最受支持的观点。

似乎所有人（也包括不同等级的动物）共有我们在狭义上可以称为"智力"的东西，从经验中受益，从过去经历同样场景的启发下使行为适应现在场景的高级功能。这种功能最简单的体现就是小孩烫伤手后见到火会退缩，或者在地板上找他从妈妈膝盖上掉下来的玩具。它也显示为更加微妙的形式，比如有经验的外交官呈递他的国书，给外交部部长留下"一个好印象"。似乎我们在不同的程度上继承这种智力，有的程度很低，而我们大多数人都是中等程度。一大批心理学家试图用他们巧妙设计的"智力测试"来测量它。在我们天性构造的所有不同的特征或要素中，它是最珍贵的，最不可或缺的。生来智力水平就很低、一直是智障或低能儿的人，一辈子都需要特殊的照顾。智力高的人可能在很多其他方面都有缺陷，但是，如果他在其他方面的不足不是特别显著，那么他就很有希望在这个世界飞黄腾达。智力中等的人可能在某个方面会有一些较显著的优势：他可能记忆力非凡，可能熟练掌握数字，可能音乐能力出众，或者美学品位细致……但是，尽管他也可能拥有所有的外在优势，但却很难在任何领域中登峰造极。

上一句话提到的事实显示出，除了我们的智力，或者叫"一般智力"以外，我们生来还有一些可能称之为智力的特殊形式，这是一种取得某种特殊成就的能力。而这种特殊能力显著地在某个家族中出现，又显示出它们是先天的或是能够遗传的。

我们不能说有多少这种特殊的先天能力。我们也不知道它们每一个是应该被视为独立的遗传单位还是可以被细分为其他能力要素。记忆的保持能力似乎是一个单一体。另一方面，音乐能力和数学能力以及美学品位是复合体，但是组成它们的单位却倾向于在遗传传递中结合。

上面几段所讨论的天赋是有助于智力发展的，它们是原材料，通过练习、通过长期的实践和训练，会逐步形成我们含糊地称之为"智能"或"头脑的智能结构"的东西。另外，人的思想还有另外一面，我们可以把这另一面广义上叫作情感和意志的一面。在讨论行为和性格时我们更关注的就是这一面；我们必须努力描绘整体人格的这一部分的原材料、先天特征、因素或组成。

情感或行为倾向

就像所有动物种类都显示出某种合乎其种类的自然倾向——它决定了每个个体生活史的主线，它对自卫以及繁殖具有不可或缺的影响，人类的所有成员也是如此。

比如，狼群的所有成员，都显示出下面这些倾向：喜欢集群；对猎物穷追猛打并狼吞虎咽；寻找与它同一类的配偶；相互搏斗；爱护和保护其幼崽；好奇地探索所有陌生而令其注目的目标和地点；被火、闪电或雷声吓跑；在隐蔽的巢穴与母狼和幼崽一起寻求庇护。因此动物显示出来的倾向很明显是先天的。虽然它们显示的方式主要是先天就有的，但也部分归因于个体经历。例如，所有公狼基本上都以相同的方式搏斗，但是有经验的老狼比它第一次出手时要更小心并更有效。又例如，它们几乎以同样的方式捕捉猎物，不过老狼对它逮捕的不同猎物的行为相当了解。

我们把动物身上这种先天的一般倾向叫作本能。人类身上也有很多本能在起作用，而且并不比动物的高级多少，有的还是从动物身上继承下来的。但是，为了避免冒犯那些不愿意承认他们与其低级亲戚存在密切关系的读者的敏感神经，让我们把它们叫作情感倾向。因为，当一个人的本能被激发时，他会感受并表现出一种特别的情感特征。例如，当逃走、退缩或寻求庇护的倾向被激起时，他感觉到并显示出害怕的特征；当他的努力或愿望受到挫败，他想要搏斗的倾向被激起，他感到并表现出生气；当一个小孩伤心的哭声引发他保护和安慰的倾向时，他感觉并表现出温柔的特征；当一个陌生的黑暗山洞促使他想要去探索它有多深，当任何古怪、陌生、不祥的事情吸引了他的注意，他感觉到并表现出好奇、疑惑或畏惧的特征。

我们不能准确说出人类到底有多少种截然不同的先天倾向，但是我们可以很有把握地识别许多似乎所有种族和时代的人所共有的这种倾向。而当我们说人性的不变性和普遍性时，我们通常指的就是这些先天的倾向，因为它们是整个人格结构的动态基础。它们打造我们的根基，把它们塑造成我们可能成为的样子。它们给予压力、力量或动力，维持我们的所有活动——包括身体的和精神的。与所有智能可以区别的功能，如记忆力、识别力、鉴赏力、联想能力、判断力和推理能力，都是其仆役，它们会想尽办法达到既定的目标。

这些先天情感倾向在人类生活中所扮演的根本角色最显著地反映在性

倾向上。它不是男女之爱的一切表现，但是它毫无疑问是这种和谐的基调。没有它，爱的本质会截然不同。因为它是强烈情感的巨大推动力。无疑，要是没有这种倾向作用于我们体内，人类将很快走到尽头。由于其巨大的推动力与结果的重要性，在所有的社会，从最简单的到文明程度最高的，它都受到由习俗、制度和惯例等复杂系统的检查、控制和指引，而这些系统受到法律与宗教的强烈认可。

要理解天性如何起作用，那么首先我们要讨论行为与性格的问题。让我们试着来列举和简洁地定义那些看上去最无可争议的几个方面吧。

我在前面的段落中提到了五种这样的倾向，恐惧、愤怒、温柔、好奇和性的倾向。

除此以外我们倾向于寻求同伴的陪伴，找到他们以后倾向于待在他们中间。

我们还倾向于在同伴中展示自己的威力，从他们对我们的服从、尊重和赞赏中得到满足。

我们还有一个相反的倾向，服从和尊重那些强大的力量，在他们面前屈服和恭顺，跟随并相信他们。

我们有拒绝的倾向，厌恶地回绝肮脏、可恨的一切。

当我们到达极限时，当我们发现我们尽了最大的努力也于事无补时，当我们的愿望被完全挫败时，我们有通过大哭来寻求帮助的倾向。

我们有寻找和消费食物、饮料的倾向。

我们有把我们处理的任何事情归入某种秩序的倾向。

我们有贮藏、储备和保存任何看来对我们有价值的东西的倾向。

当我们看到其他人把事情弄得一团糟——摔倒、滑倒、为难、挨揍或行为愚蠢时，我们有取乐和大笑的倾向。

我们也有非常简单的适当回应某种身体感觉的倾向，并通过各种方法来让身体变得舒服。

我们先天倾向的自然史

每个这种倾向都有一个正常的形成过程。没有一个在出生时就已经完全成形。每一种倾向一开始显示出来的都是模糊、微弱的，之后会慢慢变强大、变清晰，然后，当老年生命力衰退时，会渐渐消失。它们每一个都容易被大量事物与环境带动起来，并在众多不同的身体运动中表现出来。每一种又通过表现得以肯定和加强，有时，我们甚至会对某些特定种类的物体非常敏感，以至于我们一想到那一类物体时，就会瞬间激起这种倾向。而且，当仅仅对一个很遥远的物体的念想使得一种倾向因此被激活时，我们依旧会感觉到一种冲动；而如果我们不能马上解放和发泄这种冲动，它就变成我们所谓的渴望（使我们一直惦记着那件物体，想着在有关于它的事情上我们应该如何行动），而我们则会一直在脑子里规划让我们渴望的这个目标。

当一种倾向被激起，我们感觉到行动的冲动。此时，任何阻碍、任何失败、任何对行动的怀疑都是不愉快的，而朝着目标的每一个进展都是愉快的。达成目标会给我们带来满足感，并缓和这种冲动或渴望。

对行动的阻挠和怀疑可能不仅来自外部环境，也可能来自内部。因为两种或多种这样的倾向可能同时被激起，此时，它们会合作或者起冲突。例如，如果在独自散步时我们看到一群人聚集在一片草地上，我们的好奇心被激起，同时我们寻求同伴陪伴的倾向也被激起，同样性质的两种冲动增强了我们的意愿，促使我们加快脚步，融入人群之中。如果我们发现这群人正残忍地捉弄一个小孩、一位老人或者一只动物，爱护和保护的倾向被激起；但是，在我们想跳上前的那一刻，我们却由于害怕野蛮的人群而踌躇了，我们陷入两种相反的冲动痛苦斗争的境地。有那么一刻，我们在一种痛苦的烦乱中观看这残忍的场景；接着，当新的残酷暴行使受害者因为疼痛而痛苦时，愤怒充溢了我们的内心，于是我们迅速插手，不去考虑后果，害怕的抑制冲动被由于愤怒而增强的保护冲动所压倒。

这种冲突与合作的场景也可能出现在想象的层面。我们可能事先知道我们将会遇到上面描述的场景，于是我们问自己应该怎么做。我们知道自己会害怕野蛮的人群，我们知道自己想要插手干预，我们已经感觉到想去阻止的愤怒，但是我们还是没有做决定。然后我们细想自己的行为在他人看来会是怎样。如果我们生活的圈子里完全是自私的、玩世不恭的人，我们应该知道我们的干预会激起他们的嘲弄，也许是他们轻蔑的责难，我们既定去干预的解决方案会受到阻碍。但是，如果我们周围生活的是有正常感情和高尚趣味的人，如果我们只冷漠地旁观，他们会视我们为缺乏自信的懦夫。在这种情况下，去做正确的事，成为他们期待我们会成为的人，得到他们的赞同和尊敬的渴望就被激起了。这个例子说明，新的冲动解决了冲突，结束了不同冲动冲突的僵局，我们知道尽管我们不能完全制止住害怕，但我们也应该采取行动。

这就是冲动与渴望的斗争，所有经过深思熟虑的行动都来自于此。注意，在此理性可能起到很大的作用，但只限于把问题、情况或其他的一些方面，带入新的光明，它也许还会激起一种新的冲动或增强已经参与进来的某种冲动。理性可能向你表示，干预会伤及你的皮肤，也许甚至会危及你宝贵的生命，而且不能取得任何好的结果；它可能清晰地告诉你，一群人的反对或阻挠会导致他们成为一群暴徒，而一群暴徒就像是野兽，倾向于走向暴力的极端；或者理性可能使人想到，一个人的示范作用可能会转变整个团体的情绪——人群里不是所有人都是极坏或极其暴力的，他们中大多数人，或可能所有人，心地其实都是善良的，他们只是需要了解他们行为残忍的一面，那样他们可能会转而厌恶自己并感到羞耻；或者理性可能指出，如果我们救了这个可怜的受害者，我们可能会用同样的行动挽救很多其他的受害者，因为人群中的一些人可能会停止，并且思考和意识到他们行为的卑鄙，而这可能会增强他们的保护欲。

现在想想人性另一个非常引人注目的特点就是它对我们的情感倾向影响巨大，但它本身并没有这种倾向。假设你预期的残忍的场景是斗牛，你去时感到非常愤怒，想要控诉这一切，但是穿戴色彩鲜艳的人群所透出的节日气氛抓住了你，影响了你。当你看到了牛的上场，你发现你进入了一种愉快的激动氛围中。在激动的时刻你跟人群一起兴奋，你跟他们一起大笑、大叫、战栗，你也和人们一样沉浸于此，并加入野蛮的鼓掌喝彩当中。然而，当这一切结束后，你回想全部，你猛然醒悟自己就像一个没有原则、没有高尚道德情操的人，为此你感到无比惊讶和羞愧。其实，你陷入了另一种情感倾向之中，在大多数情况下，它把我们所有人联系在一起，保证感觉和行为的一致性，使相互理解成为可能，这种理解比仅仅依靠交换语言所获得的理解要深得多。这种特征，我们可以把它叫作原始同情，它是一切相互理解和更高形式的同情的基础。我们的内心像一个透明的水晶球，当周围显示出任何一种情感倾向时，水晶球都会将其映照出来，原始同情的作用方式就是如此。

倾向的力量与冲动的强度

我刚刚提到理性或反省会增加一种冲动的强度。我们必须意识到，当任何一种倾向被激活，它的冲动在强度上可能会差别很大。即便是愤怒害怕这样较为强烈的情绪，都可能以一种微弱的形式出现。情绪萌生之初，我们往往察觉不到它的存在。不过，如果没有阻碍因素的存在，再微弱的冲动也能决定一个人的行动。而当你更全面地理解激发冲动的物体，这种冲动的强度可能会增加，直到你内心充斥着这样的情感，此时你的内心是如此焦灼，以至于用你最大的努力也不可能控制它。

察觉我们心中的倾向被微弱地激起非常不易，尤其当情况是它们中的两种或多种被同时激起，因为那样它们的情感品质就混合成一种新的情感品质，尽管它与每一个组成成分都相连，却与每一个都不相同，总的来说非常特别。就像我们所爱的一个人，比如一个小孩，做了什么伤害了他自己和我们的蠢事，我们会感到一种"既恨又爱"的复杂情绪。也许他在尘土上摔倒了，我们把他扶起来，拍打他身上的尘土，一半是斥责，一半是爱抚。这就是为什么我们常说，"打是亲，骂是爱"。

自我观察与自我批评的实践大大增强了我们识别这些被微弱激起的倾向和辨别复杂混合的情感的能力。这种练习，准确地说叫实践，是获得更好的自我认知的根本步骤。通过这样的练习，我们学习理解我们的弱点，我们的情感敏感度，我们的责任，而且，这样学习，我们也可以学着控制和引导它们。我们学着了解自己什么时候愤怒，或者恐惧——尽管我们看上去平静，了解自己什么时候好色、好奇、羞耻、嫉妒，等等。没有这种学习，我们在自我认知和自我控制上就不能取得进步。

拿愤怒来举例。愤怒比其他倾向更多地破坏我们的生活，它会引起冷漠、疏远、愤恨，毁掉本来可能令人非常愉快的氛围。当愤怒正处于高潮时，它对于检查我们愤怒的表达方式没有任何帮助。一个词或一种语调，一个小小的脸部表情变化，都可能造成破坏。我们必须通过识别它们被激起的最微小的迹象，来预期我们的表现方式。不仅因为这样我们可以避免不合时宜的尴尬，也是因为在这一初期阶段我们更能有效地施加控制。当我们的愤怒处于巅峰时，我们中最优秀的人也会发现不可能控制它。它仿佛带着它自己的正当理由，于是我们倾倒出愤怒的话语或者打起来，带着一种与这种表达方式一起扫荡全身的力量。但是，如果我们在最初的愤怒冲动被微弱激起的时候就识别了它，我们通常能成功地使它中止。这比抑制和压制已经酝酿充分的情感要好得多——即便我们能够成功地做到。

我们拥有的这种控制、压制我们情绪的力量极其重要。如何对它进行科学的解释是一个非常微妙和困难的问题，这通往形而上学的深度，就跟自由意志与宿命论的问题一样。我们不需要进入其中，知道这种力量非常现实，能够通过培养得到极大的发展就足够了。

任何一种冲动的强度范围并不是所有人都一样。就跟不同人之间在身体器官和功能的自然发育程度上有区别一样，思想和情感倾向的发展程度也不尽相同。两个参加相同比赛、从事相同职业的人，一个人练就了强壮的小腿肌肉；而另一个，尽管也经常锻炼，但是小腿仍然很细。同样的道理适用于我们所有的身体器官和功能。它们一定程度上通过遗传的神秘过程被赋予我们；我们通过使用它们和运动，使它们发育成熟；但是，以同样的使用量和运动量，它们在不同人身上所达到的发育程度是不一样的。

情感倾向通过练习而发育完全；但是在每个人身上，每种倾向，就跟每个身体器官和功能一样，是由遗传赋予的，只有通过正常的练习量才能达到某一个特定的发育程度。在一个人身上，愤怒倾向很快就发育到很大的强度，它的冲动很容易被激起，作用非常强大；在另一个人身上它从来达不到很强的程度；而在第三个人身上看上去则几乎没有。一个人看上去丝毫不害怕地穿越危险，而另一个人在很多危险极其微小的情况下也会畏缩、颤抖和退却。一个人的好奇心可能强到决定他生活的整个轨迹；而另一个人，只有最能引起兴趣的事情才能激起他微微询问的态度。

我们精神基础的差异性会引起奇怪的道德问题，它可以通过法庭上律师与医生无休止的争论来说明，律师试图维护法律的权威，而医生把犯罪行为归于"不可抗拒的冲动"。在我们看来，最重要的就是我们每一个人都应该学会考虑到这些不同，判断他自己的特征，并设法对那些他负有责任的人——尤其是儿童，做同样的分析。

各种性情

"性情"这个词一般用来表示原始构成的这些特性。如果一个人所有的情感倾向都是中等强度，严格地说他有一个均衡的性情。而幸运的是，我们大多数人天生都是这样的；因为均衡的性情是一种快乐的性情，它有益于和谐生活的养成与和谐性格的形成。

其他的性情表现为一种或多种倾向的过度强势。因此我们知道有的人性情胆小。他们有很多害怕，他们过分地小心。他们不仅容易有很大强度的恐惧，以至于他们在遇到真正的危险时很难控制它；甚至在某些非常微小的情况下，如夜里一点模糊的声音、突然搭在肩膀上的一只手、任何大型动物的接近，他都会震动和发抖；并且他们的想象力主要被恐惧所占据；他们甚至在设想各种完全不可能发生的灾难时都会瑟瑟发抖。

其他众所周知的由于某种倾向的过度强势而形成的性情有：好吃的、

好色的、易怒的或好斗的、好奇的、快乐的或爱笑的、谦逊的、骄傲和野心勃勃或自作主张的、温柔的或深情的、好交际或群居的性情，以及那些也许没有那么明显的，如：挑剔的、喜欢秩序的、贪婪的和令人苦恼的或吸引人的或独立的性情。

理解起来更复杂、更困难的是那些由于两种或多种情感倾向的过度强势而异于平常的性情。

有的人，他们的一种或多种倾向表现出不同寻常的微弱，以至于人们有把握地识别这种性情特质也是很困难的。有的人看上去完全没有恐惧。他们经历最恐怖的冒险也不会有丝毫颤抖；而过后他们可能真诚地说他们没有感到害怕。不过究竟是否有人天生就没有恐惧倾向，这一点还是令人质疑的。如果——就像我的一个病人，在一次受到惊吓后经常宣称他不怕上帝、人或者魔鬼——同样一个人宣称自己不知道害怕，他很有可能是在压制某种特殊的恐惧，对自己和世界隐瞒这一事实；或者他可能很多年都没有害怕的感觉，于是就忘记了自己从前所经历过的恐惧感。

有时，观察一个对自己的孩子表现得异常冷漠的女人，我们总是假设她生来就没有母性本能。有的男人看上去如此谦卑、顺从、完全跟随别人的意见、如此缺乏正当的自豪、野心，甚至自尊，以至于我们倾向于认为他们生来就缺乏所有自信的倾向。

然而，表现为一种或多种倾向过度的性情缺点无疑是很普遍的。因此我们知道无情或冷酷的性情，似乎从来不被温柔的关怀所打动；有了温厚的性情，人的愤怒从不轻易被激起，就算被激起也从不强烈，持续时间也不长；拥有漠不关心的性情以及狂妄自大的性情的人，没有谦虚、没有崇敬、没有顺从、没有尊重，似乎不会真正欣赏谁，对于他们而言所有的教导都是愚蠢的。

也许，某些人一种情感倾向会完全缺失——我们所面对的这个问题最实际的形式就是性倾向的缺失。有的女人，似乎性这种倾向从来没有在她们内心激起过；据说这种"性冷淡"在我们中间非常普遍，尽管它的概率是多少并不清楚。这种女人易被认为厌恶别人哪怕是最微小的性表现。尽管她们不能成为普通男人的好妻子，但是她们有时候会结婚生子，并且可能是一位温柔的深爱孩子的母亲；这个事实显示出弗洛伊德的学说"所有爱源自性倾向"有多么站不住脚。不过也有可能是这些人天生微弱的性倾向没有被开发，也许被不利的环境消灭和压制或者由于不幸的事件被抑制在萌芽状态。

我们必须记住，性倾向的发展是非常缓慢和渐进的；在青春期来到之后才开始强烈，到这时许多影响已经更改了发育的、成熟的自然过程；更进一步地说，由于它在人类生命中巨大的重要性，这个发育过程通常受到社会和个人很强的影响。

认识我们自己或其他人身上这种倾向的强弱是一件相当重要的事情。我刚刚说一个看来缺乏性倾向或性倾向非常微弱的人很容易觉得性表现很恶心，或者至少觉得奇怪或者排斥。但是，也许看似自相矛盾，有些这样的人倾向于口无遮拦地谈论性，甚至会到普通的有性倾向的男女都觉得羞耻和下流的程度；他们中有些非常热衷于这种谈话——无论是轻率的还是严肃的；他们以此来吸引注意力，在说话克制的人中间投下一枚炸弹，他们社交圈的礼节激起了其虚荣心。

一般说来，对性的态度轻率显示出性倾向的微弱。这种轻率在个人身上或是整个社会里盛行，你完全可以怀疑他们的这种弱点。而性倾向强烈的人，会严肃地、庄重地，几乎以一种"神圣的恐怖"来对待它；了解它有利与不利的巨大力量的男男女女会避免玩弄它，就像他们避免玩火或是闪电。社会上有一种难以纠正的风气——调情。喜爱调情的女性，要么是一个彻底堕落的人，或者更普遍的，是一个还没发育成熟，想要尝试"性的感觉"的人。如果是前一种情况，她很可能继续调情；如果是后一种情况，她可能被更多的经验和更成熟的发育治愈。因此在两种情况下，这都仍然是一个尚无定论的问题：现代的"爱抚派对"究竟是一种堕落的表现，还是它仅仅是两性之间的探索……

第三章　对原有性情的修正

我上面提到与生俱来的倾向会通过使用而增强。但如果长期不用，它很可能也会减弱。

倾向会通过练习而增强，这一事实受到父母的重视非常重要，因为他们在教导孩子以及自我修养中都会用到，而不能理解或忽略其中所包含的原理是很多不幸与发育畸形的原因。

传统的英国体制按照强硬原理进行。把一个男孩扔进水里，他会立刻克服他的恐惧，学会游泳；这是被预备学校和公立学校长期接受的原理。一点威吓对他有好处，一场打斗会使他成为男人。是的，在很多情况下这套体制都很有用，也成了公立学校的模式；有男子气概，能够保持自己的立场，能够与同类的其他人"相处"；但是这有点粗鲁，当他必须同等对待不同经历、不容异己、举止不礼貌和难以适应的人时，容易被讨厌。因此，在英国大学，礼仪从真正意义上来说是全世界最差的，而"公立学校的人"在殖民地是一个笑柄。

在很多种情况下这套体系根本就不适用。异常敏感的男孩、害羞的男孩、不同于任何一般性情的男孩，在这个体系下，容易觉得生活是一种负担，遭受各种发育的扭曲，成为一个冷酷的利己主义者、一个懦夫、一个马屁精、一个欺软怕硬的人、一个暴饮暴食的人、一个放荡的人，或者一个让人费解的扭曲的人，我们会不再理睬他，对他只耸耸肩，表示他是个疯子或者怪人。

天生性情的不同给每种集体规劝都带来了极大的困难，尤其是给年轻人、男孩或女孩布道。传道者总是滔滔不绝地讲述地狱与魔鬼，或者嫉妒的上帝的惩罚；当他的话语对一些听众施加了过度的约束影响时，它们使其他人看起来像一堆瑟瑟发抖的"果酱"——使其整个人生被恐惧笼罩，或者使他决心完成拯救自己灵魂而不被打入地狱的自私行动。或者传道者宣称要反对任何形式的愤怒，而也许听众中四分之一的人都非常需要培养良好和明智地引导愤怒的能力。

因此我们必须认识到所有天生倾向在一个发育良好的性格中都起着它们各自的作用。没有哪一个本身全部是好的或者全部是坏的。我们经常听到布道或甚至在有些心理学书籍里面看到，劝告我们要压制和驱逐的"基本和低级本能"根本不存在——它们只是靠愚昧的想象虚构的东西。

每一种天生倾向都是力量的源泉；它起的作用究竟是好是坏取决于它被往高贵的方向还是低级的方向引导，以及是否能够理智地控制它。如果没有愤怒的倾向，我们将没有捍卫道德的愤慨，当我们遇到困难时，我们的努力将会缺少愤怒给予它们的强化。如果没有害怕，我们会变得轻率、鲁莽，没有敬畏、尊敬或宗教信仰。如果没有性倾向，我们将不仅仅没有孩子和家庭，而且也不会有浪漫和所有通常我们称之为诗歌、戏剧等的伟大艺术。

我刚刚写道所有天生倾向都有好有坏，都非常强大。也许应该有一个例外。有一种倾向似乎完全只有好的一面，它不可能变得太强大，也几乎不需要去控制它的冲动——即温柔的保护的冲动，它最初的生理功能无疑是照顾小孩，它的含义延伸到照顾所有弱小或受难的生物，照顾所有珍贵和脆弱的事物。它平息我们的愤怒，缓和我们的悲伤，治愈我们的伤痛，使我们的所有举止都变得温柔。每个地方基督教徒们成千上万崇高的作品都见证了它对人类的力量。佛教把它的实践作为其数百上千万跟随者生活的第一准则。耶稣使其在帝国的国民们中间占据主导地位——而他们曾经上千年生活在法律条例、战争与残酷之中；因此温柔、母亲和婴儿成为人性最美好的理想象征。一位伟大的现代哲学家——愤世嫉俗的叔本华，在他最犀利的作品（指《论道德的基础》这一作品）里表现了这一冲动如何成为所有真正意义上道德行为的根本来源。

还有一种倾向，尽管它在我们的生活中也有适当的作用，但是绝大多数情况下它比文明生活所需要的要强烈，并且如果起作用太频繁或太强大，就会不必要地使很多人的生活变得黑暗。我指的是害怕的倾向。

纠正不均衡的性情

不平衡的性情如果进入一个恶性循环将会非常危险。任何倾向如果生来就非常强烈，再加上过度的使用，它会变得更强。各种倾向相互之间有敌对和竞争；我们可以想象它们都是凭借一种生命力——这种力量我们可以把它叫作生活力或生活意志——不管它的天性有多么模糊，不管它有多么难以测量和定义，它仍然马上就成了科学研究最重要、最引人入胜的主题之一。一旦一种倾向过度强大，它的增长就以其他倾向的削弱为代价，如果没有用理智的引导和自律对其进行检查和纠正，它就支配整个机体，使它的所有者成为一个怪物。例如，一个守财奴、一个冷酷绝情的人、一个奴颜婢膝的人、一个牢骚满腹的人、一个贪得无厌的人、一个暴饮暴食的人，或者也会成为一个有任何风吹草动就寻求庇护的、害怕各种形式的健康问题的人。

那么，我们每个人都应该注意自己的性情，检查和克制似乎过于强烈的倾向，以免它的过度增长扭曲了整个性情的平衡，破坏自己的性格，使它变得完全不可控。而由于在性情形成的早期阶段最容易纠正，因此父母应该研究其孩子的性情，并且试着做一些他们力所能及的纠正。

通过练习把我们不适当的倾向消灭在萌芽之中，这是最重要的。如果加以明智的指引，这种控制的能力在孩提时期就可以形成了。原始的方式是激起恐惧，幸运的是现在一般都不赞成或系统地使用了。但是除了极少数极端的情况外，没有必要依靠恐惧；而如果这样的依靠被视为是必要的，通过使用体罚激起生理疼痛的恐惧要远远好于激起想象的恐惧。因为想象的恐惧是所有世俗迷信的根源，它在文明人生活中所扮演的角色比通常所认识到和所承认的要大得多。对于男女都是一样，他们通常为有这样的恐惧而感到羞愧，不愿意去谈论它。而对很多人来说它是一生的阴影；在一些情况下它是引起非常痛苦的精神障碍的主要原因。

那么，让我们放弃求助于恐惧，因为它充其量可以说，只是一种外部的、残忍的控制方式，只适用于动物。即使是在训练动物中，这也是一种站不住脚的权宜之计，只在极端野蛮的情况下才会用到；现代驯兽师发现，通过应用不那么粗鲁的心理学，训练动物的方法近几年已经发生了彻底转变，而这对他自己及其弟子们都是极为有利的。然而类似的改革在人类的训练中还完全没有形成。

那么，天生性情的纠正或重新塑造是如何被影响的呢？有两个非常不同的方面，任何一个都不能被忽视。我们必须抑制过分强势的倾向，同时激发那些过度微弱的倾向。抑制需要根据三个准则进行。这三个，也许都必须让其他人来启发我们；但是这三个准则都应该在自我控制与自我引导方面起到越来越重要的作用。

第一，也是最简单的，避免那些会激起过分强烈的倾向的环境。害羞的小孩应该被保护不被置于会引起恐惧的生理情境：他不应该被扔到水中来让他学会游泳；他不应该被强迫爬到很高的地方，独自在黑暗中睡觉，或者面对奇怪的动物；他表现得愚蠢或者顽皮时不应该被大声呵斥；他不应该被置于欺凌弱小的人中间，或者，没有辨别能力的情况下，被置于一群欺负弱小的同龄男孩之中。更重要的，他应该被保护，不与那些企图诱发他想象的恐惧的人在一起，尤其是无知的仆人；可怕的妖魔鬼怪的文学和图片他应该尽可能少看。当他长大后，如果他聪明的话，他会学会自己避免这些情况。如果是勇敢的小孩，这些规则则不用如此严格地执行。游戏中的恐惧因素会给他们带来刺激；并且，只要他们能控制它，尽管害怕，他们也能完成自己的行动，达到其目的，在他们学习如何更好地克服害怕，并且在面对危险时就获得了自信与无畏。

性倾向，就像恐惧倾向一样，我们中的大多数人——当然很大部分是男人——这一倾向都非常强烈，尽管它可能在自然选择的过程中发挥着极大的作用，但还是超出了文明社会的需求。应用避免原则同样重要；这在一句古老的格言里就有——"不良的交往败坏良好的举止"。很多小孩在很小的时候就受到了这方面不良交往的影响，在这方面父母要保持戒备性的监督，而不能把这一义务委托给他人。把孩子主要交给仆人看管有很大的风险，即使只是一个怀抱中的小婴儿。许多孩子在幼年时期就遭受了性骚扰，这也许会在很大概率下完全毁掉他。小孩在某种程度上通过"讲出真相"可以抵御这种骚扰；但是父母一定要牢记，小孩保密的能力是惊人的。最细心和敏锐的父母总是容易在事件发生几个月甚至几年后发现惊人的真相；而漠不关心的父母则仍然完全不知道，也许很多年以后，内科医生要求他们提供小孩幼年时可能会引起精神障碍的线索时，他们依旧摸不着头脑。"噢！我总是最细心了。我的女儿向来都很听话。""某某年是怎么样的呢？"“噢！我们去意大利待了三个月，但是孩子们都照看得很好。小一点的有一个非常棒的家庭教师，而比尔参加了一个口碑最好的男孩夏令营。所以不可能出什么错。"

到了上学的年纪，最大的危险来自同龄的孩子；并且他们破坏力更强，因为此时性倾向更加活跃。最常见的坏事是，孩子被吸收进这个队伍，或者更主动地，开始秘密地手淫，他的想象被粗俗的呻吟声污染了。这些事情在他内心形成了一个恶性循环：性倾向维持想象力或性幻想，而想象反过来又会撩起性倾向。那么天生性倾向很强的年轻人将走上一条通往放荡或艰难的禁欲道路，或者两者轮流出现，而两者都无法享受正常和快乐的生活。

但是这些事情也有可能导致完全的堕落、变性、盗窃癖，以及一些其他的只有希腊神话里才会出现的痛苦情形。

今天所广泛提倡的治疗方法或预防方法就是对性的早期教导。但是这绝不是万能灵药。它只不过是一个权宜之计，充其量是部分预防。它不仅可能摧毁天真的早期萌芽，还有可能导致罪恶，而它最初设计出来就是为了阻止这种罪恶。太多人断言和假设，所有孩子在被启发之前对性都有着炽热的好奇，这并不是真的。出身良好的小孩，受到细心和理智的监护，并且足够幸运完全在一个和谐的家庭（没有别的比这更罕见）长大，那么他可能在童年和青春期对性这方面都没有问题或者没有好奇心。如果他们——就像所有孩子都应该一样——对生物和他们自己的宠物（一个著名哲学家，他关于社会主题的著作被广泛阅读，他很多年前曾对我说过："跟动物接触总是降低人的身份。"我马上把他标记为一个除了自己的专业以外观点没有任何价值的怪人；这个评价被他随后的职业发展所充分证实）。很有兴趣，他们通过对自己无意识问题的明智回答，得到关于怀孕、出生和性的理解，就足以支撑到他们能够有利地阅读一些精选出来的书的年龄，这些书将使他们的知识更丰富、更清晰。但是向对此不感兴趣的年轻人灌输生理细节不仅没有用，甚至会更糟糕。很多女孩在结婚之前只有着结合、怀孕和生产这样的模糊概念，直到婚姻启发了她，使她成为一个快乐的妻子和母亲，而没有任何过分的震惊或情感的骚乱；但是当然，在这种情况下，很多都由她丈夫的智慧程度来决定。一般而言，我会说，男孩需要得到更全面的启发，并且也许应该比女孩早。但是每一个个体需要被独一无二地对待，在这种如此私人的问题上集体行为永远不会令人满意。

另一个需要在很多孩子身上应该避免的准则是吃的倾向——如果他们最终不要变成暴饮暴食者的话。我不是说让他们只吃个半饱，恰恰相反，给他们丰富的、适量营养平衡的食物总能够避免胃口受到过分刺激。如果他们缺乏这种日常饮食中的一个组成部分，尽管其他部分过多，他们也容易受到这一种倾向的过度刺激。尤其在糖的例子中可以观察到这一规则。糖是食物的基本组成成分，也是身体最容易吸收和利用的成分。如果孩子的食物中没有被给予足够的糖，他们会非常渴望它，并且会只要一有空就想尽办法不择手段地获取它。水果和蔬菜也同样如此。如果孩子健康，让他自己吃饱；不要担心他的消化。如果他自己有时吃青苹果，或醋栗，或生胡萝卜，他的消化会越来越好。然而，如果你在这种事情上限制他，他可能会学会打破规则，去偷或者热切渴望得到；而最后会意味着由于过多练习吃的倾向，导致一生都暴饮暴食。

抑制过强倾向的第二个准则在应用与发展时要微妙和复杂得多。它的本质是培养抑制的力量，在我们发现一种冲动被激起的早期就中断它。也许看似神奇，这种力量可以后天获得，并到达很高程度，这是最重要的。如果任何对形而上学的假设着迷的人不相信这种力量的真实存在，那么当他发现自己想大笑，但是为了保持礼节而抑制这种笑时，他可以好好地研究。他会发现，尽管他也许不是总能成功，但是当他感觉到这种冲动在其体内升腾时，他通常能阻止它；并且，即使它已经开始表现时，他也能很大程度上限制其强度，或者能中止它。

有两种操作的模式：第一种，通过意志直接起作用来抑制；第二种，通过智力干预来转移。

意志的理论性太强了。不过，我们所有人都能够通过练习不同程度地培养这种能力。这种培养必须是一个自我意识的过程，包含了采取一种自我理想或某种也许理想的性格，而不管它有多么模糊、片面或者有缺陷。也就是说，我们必须学会渴望变成跟我们不一样的人，变成比我们更好或更强或更令人钦佩的人，或仅仅是更会与人相处，或更能够给别人留下强势或美丽或聪明等等的印象。这自觉的渴望在小孩或年轻人内心可能会自发地产生；但是通过榜样和慎重的引导及激励，它会来得更快，作用更强烈。有的人——甚至聪明和受教育程度高的人——似乎活着完全没有这种渴望；如果他们有着良好的性情，并且环境也都很友好，他们可能没有这种渴望也生活得很好。然而他们这样只能算是半个人，他们也许很有魅力，有很多优点，但是在陌生和艰难的环境下他们更容易选错道路；他们更容易养成或多或少的性格缺点和缺陷。很多这类人发现别人有自觉的改善自我的渴望后会倾向于瞧不起他们，并且拒绝任何这方面的建议。他们通常用"自命不凡"这样的词语作为他们态度的简单而充足的理由。然而这样解决问题是幼稚的。我们不需要羡慕看上去最有资格自命不凡的人如苏格拉底、马古斯·奥列里乌斯和圣·奥古斯丁，甚至享乐主义者马利乌斯等。我们必须意识到最美的性格之花只有在自我修养提高后通过自觉的努力奋斗才会绽开。　尽管直接抑制有可能，也很有用，人们应该经常练习，但是已经开始自律的人知道转移精力，争取其他目标——不管是作为短暂的行为或长期的策略，会更容易也更有效地达到抑制的目的。过去对这种原理的忽略把隐士送进了深山，独自在那里与肉欲的诱惑做斗争；而在现代社会谁如果还采用同样错误的策略，他将发现自己被困在同样痛苦的斗争中，而结果却可能是徒劳。

这里有一个简单实用的建议。让觉得克服某种倾向很难的人准备一个捐给慈善机构的储蓄罐或袋子，每次他发现这种倾向被激起时就往里面扔一枚硬币。但是更重要的是培养他被过强的倾向所包围时能够分散他注意力的实际兴趣点，可以是某种无害的爱好或游戏，或者，更好的一些有关慈善事业、政治、艺术或科学的作品。

当然，这种应用意志力来检查过强倾向的练习需要智力的指导，这样通过自我检讨，我们就会发现自己哪些方面需要做这样处理。但是智力也可以用另一种方式来达到同样的结果，制服过强的倾向。也就是说，我们可以养成这种习惯，以一种新的方法来观察我们面前的物体、激起我们过强倾向的情境，反复思考，仔细想想我们之前所没有理解的其他方面。举一个简单的例子，一个人如果发现自己处于变成暴饮暴食者的危险中，当他面对勾起他渴望的物体时，在脑子里反复思考，想想它有可能毁掉自己的消化，使自己变肥，或者使鼻子变红、脸上长满疙瘩，此时他就会产生抑制的想法。

第三个伟大的准则，除了我们拒绝普遍使用的害怕的方式以外，是笑的方式。没有人喜欢被嘲笑，除非他是有意识地装傻以激起一片笑声。就像伯格森坚决主张的那样，笑是一种重要的社交工具。那么我们就这样使用它。不过它需要老练和谨慎地使用，尤其是训练年轻人和那些脾气暴躁的人时。如果有必要用的话，讽刺应该非常谨慎地使用；而那些很容易脱口而出的人需要格外小心。

人们注意到有两种笑：一种只是对荒唐对象或行为的个人反应；另一种是幽默的笑，包含了世人的评价，把它的对象公平而诚实地置于喜剧的氛围。后者更好，更有效，具体表现有两方面：首先，幽默的笑很有趣，比起仅仅笑话别人，对对方的冒犯和伤害要小得多；因为在幽默的笑中，我们不仅笑话对方，也自嘲，我们把自己和上演喜剧的没毛的两足动物置于同一高度，因此会引起大家的共鸣。然而仅仅嘲笑别人则会在我们之间建立一道鸿沟——笑声在高高的峭壁上，而被嘲笑者在悬崖深处。

其次，仅仅嘲笑别人可能比幽默的笑更能有效地惩罚他，但后者却有着极大的优势，它是同情的，而不是讽刺、蔑视或漠不关心的，它非常具有感染力。就像所有其他的情感冲动一样，所有的笑，都具有感染力；但是粗鲁地嘲笑别人却常常未能产生亲切的感染力，因为它激起了愤恨。但幽默的笑却不会激起这种敌对情绪，并能够很快地影响被笑话的对象，使他加入进来，看到自己所处情况的可笑。现在，如果我们能学着幽默，自嘲自己的失败和缺点，我们就获得了一种非常有效的自我控制的手段，因为用笑来抑制其他冲动的作用仅次于恐惧；如果我们已经学会看到我们的愤怒、恐惧、肉欲、贪吃、自负、贪婪……我们就能在大笑中有力地克服那种冲动。

激发微弱的倾向

纠正不均衡的性情不仅需要检查和抑制，它还需要鞭策、刺激和鼓励那些由于不用而有萎缩危险的过分微弱的倾向。通过保证练习这些微弱倾向的场合和机会，人们在这方面可以产生很好的效果。我们的好奇心可能被激发、社交能力得到促进，也可能我们的野心被激起，谦逊被引出，温柔的感觉付诸言语和行动，笑和欢乐由于受到感染被激起。这里情感倾向的感染原则是最重要的。如果我们生来或经过培养变得不善表达，如果我们过于隐藏我们的情感波动，给世人展示的只是一张太过木讷的面具，我们就很难有效地引导我们的孩子。

控制愤怒

已经说过了纠正性情所要遵循的原则，让我们来看看它们可以如何应用到最需要约束的冲动，即愤怒的冲动。

得到适当和理智的引导的愤怒能帮很大的忙。即使可能完全抛弃愤怒，我们也不能没有它。道德义愤在人世间所有事中是一种无价的力量。即使是那些最高道德和最完善的宗教中的神，也有愤怒的能力，他们的愤怒由宽恕来缓和，根据正义的原则来引导。即使是把温柔作为力量，把温顺和同情当作荣耀的女人，在这个不完美的人世间，也需要有愤怒的能力。感情激烈，同时仍然温柔和温顺的女人会得到我们的尊敬；而完全不会生气的女人，不管得到多少赞美，却有成为一个毫无用处的人的危险。然而愤怒会破坏很多生活，并且比其他任何倾向都更容易导致不快。喜欢骂人无论在哪个年龄阶段都会受人鄙视和嘲笑。

通常我们大多数人先天性情中的愤怒倾向都不会表现得过强。而它被练习的机会是如此之多，以至于它处处对我们进行挑衅。因为这种倾向的特性是无论什么时候，只要其他任何倾向受阻或遭受反对，无论这些倾向是来自他人、动物、没有生命力的东西，或是来自我们自己的笨拙或愚蠢，它都会被激起并转变为行动。而且，尽管它主要以及最自然的宣泄对象只是某一个人或某一件事，但是它很容易扩散，没有辨别力地宣泄。我们可能诅咒把文件吹得房间里到处都是的狂风；我们甚至可能，就像野蛮人敲打不起作用的神像一样，把溅墨水的笔或者用坏了老打滑的扳手猛地扔到地上。但是"脾气"爆发觉得这些无意识的表达还远远不够；它只有当我们看到其他人在狂风暴雨面前立马去执行我们的意志时才会感到满足。

这些愤怒的满足需要更深层次的理解；因为愤怒是以一般规律为条件，即任何形式的行为，如果能带来满足，则更容易重现。而愤怒的满足非常真实和强烈，因为，当愤怒克服了阻碍，原有的冲动快速得到了满足，人们下意识地认为是愤怒带来了好处。

如果先天性情里愤怒的冲动就很强烈，那么它很有可能变得过度强大，达到我们的控制力不可修正的程度，成为一种一触即发的爆炸性的力量。那么它有可能以一千种方式造成大破坏，使我们成为孩子和下级眼里的恐怖分子，我们生活伴侣眼中引起重大伤害的讨厌的人；不受控制的愤怒成为无数幸福婚姻走向破裂的开始，就像乔治·艾略特所说的："曾经相爱的人之间的恶语相向在回忆的时候看起来非常丑陋，就好像伟大和美好的风景沉入了丑恶和琐碎之中。"脾气过于暴躁不仅使我们成为朋友的负担，还会使关系疏远，让我们陷入无尽的争论。

"对我们所爱的人大发脾气，一定是脑子发了疯。"

诗人科尔里奇达的评论总的来说是事实，就像我们大多数人都心知肚明的，无论我们的愤怒是有正当理由或是没有正当理由的；在后一种情况，我们的痛苦由于悔恨而变得更加复杂，它是所有情感中最痛苦的一种。

一个人如果性情好斗而又忽视对这种倾向的控制力的培养，那么当外部环境有利于它的活动，比如他本人处于权威地位，或配偶长期忍耐顺从，他很可能成为一个让他自己和周围所有人都讨厌的人。他没法享受出国度假，因为当地人的礼节和习俗每隔几分钟就让他恼火；打一盘高尔夫也充斥着咒骂；甚至安静地看半个小时他最喜欢的报纸也充满了脱口而出的愤慨。如果他的体质足够好可以忍受这种过分的磨损和毁坏，一直活到老——他似乎是以愤怒为生，为愤怒而活；而他的死则使他的亲戚放下了一个无法忍受的负担〔参照希拉·凯耶·史密斯（Sheila Kaye Smith）的故事《阿拉德宅的完结》〕。

跟对待其他过强的倾向一样，这里也应该遵守回避原则，但是应用起来却尤其困难。好斗或脾气暴躁的男孩很快就可以了解到，频繁地使用暴力能使他达到目的，成功地获取满足。他刚开始欺负他的母亲，他的兄弟和姐妹，然后欺负同学。如果这些做法都很成功，他马上就认识到只需展现自己的力量就足够了；他养成习惯，只要遇到对他行为有丝毫控制或反对，他马上就勃然大怒。如果他由于他的地位——也许是长子和继承人，或者由于他显现出来的才干和正当获得的地位而继续成功，他会成为一个专制的人——尽管拥有一颗善良的心——虽然因为这颗心而没有成为一个十足残忍的恶霸，但是他却由于"火辣的脾气"，成了家人、下属所害怕的恐怖分子和同辈所讨厌的人。

这样一个男孩会给父母带来最棘手的难题。在应用回避原则中最大的困难是：如果当他表现出愤怒时，我们反对他，这会使他更愤怒；但是，如果我们不面对、不反对他，他的愤怒使他达到了目的，得到了满足，于是这种倾向又增强了。那么，到底应该怎么做呢？我们要避免以牙还牙。如果我们允许自己生气地反驳他愤怒的表达，那么我们就用共鸣的回应或共振增强了他的愤怒。此外，如果我们能制定非常清楚和不可变更的规则，违反它就会自动受到惩罚（但是规则需要谨慎制定，并且尽可能少），那么，他预先就知道如果他反抗会面临什么的话，事情就会好很多。我们能避免那些荒唐的争论（在如此众多的家庭里频繁上演），任何一方都没有道理，并且不能证明他的观点。尤其愚蠢的是对同一时间不同的记忆所引起的争吵。"你记得她戴的那顶黑色的旧帽子吗？""记得，记得很清楚，但不是黑色的，是棕色的。""不，是黑色的，我看得一清二楚。""我百分百确定是棕色！""你想这么说就这么说，但那不会改变事实。我对颜色记得尤其清楚。""不管怎么样，你用不着为这事这么激动！"每一次反驳都增加了对方的愤怒，突然变成了一场荒唐的争吵——为了帽了是蓝色的，还是也许是黑棕色的。孩子（成人也是）应该了解，没有记忆是绝对可靠的；你自己也是一样。如果你愿意承认你可能错了，那它无论如何都不会造成什么后果，而且如果在证据面前你坦诚地承认你的错误，你那好斗的儿子也许会学习达到同样泰然自若的程度。

小题大做和怒气冲天会通过感染激怒他人——即使我们的愤怒并不是直接指向他们；因此不要沉溺其中。避开易怒的人和喜欢激怒别人的人，试着对患者也安排同样的回避。

直接抑制的原则应该用在我们自己身上或是在年轻人中鼓励使用，经过长期练习可以达到很好的效果。智力的介入也能有效地培养。我们可以学习直视我们的小脾气，在愤怒即将爆发时仰望宇宙星辰明亮的空间、投向更广阔的天地。任何智力介入我们的情感都会使我们在某种程度上与它分开，削弱它对我们的影响力；即使它只是出于对科学的好奇的思考。但是涉及愤怒，我们尤其需要的是，不仅要尽可能避开和客观地审视我们自己，更要养成从他人的角度看问题的方式，从双重的角度看问题的方式；我们需要问我们自己："它值得吗？没有它我就不可以很快乐吗？或者，真的有必要把他放在其专有位置，让他听从我的意见吗？"

对于头脑反应很快的聪明人来说，他人的愚蠢常常令他们很生气。

让他们每次遇到这种情况就提醒自己，同伴的愚蠢不是他的错，而是他的不幸；他们的反应快和聪敏是上帝赐予他们的礼物，而这并不是给了他们豁免的权力，只是赋予他们特殊的义务——帮助他人、宽容和服务他人的义务。

笑也有极大的辅助作用。当然它可以被用来使易发怒的人变得疯狂——但那总是一种滥用。不过我们可以帮助他看到他把自己变得荒唐；我们可以学习，并且帮助他学习，用幽默的态度来对待我们的弱点，我们的失足，我们的失败；在这种情况下，一个恰如其分的可笑的故事非常适合。

压抑

读者读完前面的几页后，可能会在头脑中牢记关于"压抑"的坏处的各种严重警告。他可能会说，这是一个擅自给出生活准则建议的作者，他似乎忽略了新心理学以及它最明确的教导。不幸的是，很多对弗洛伊德教授理论的含糊理解被广泛传播，源于它们的一些粗劣错误被推导成为广泛的趋势，并且同意这种观点的书不只是一本两本。在所有这些曲解中，"压抑"的危险和恶果最被广泛接受——而这居然仅仅是因为它给了一个不受限制的沉迷的许可，给了一个我们不努力去自我克制的理由。我们听到很多轻浮的话，关于本性地生活，关于自由地自我表达，关于我们，尤其是妇女追求快乐和体验等等的权利；以及很多针对过时的规矩和限制的轻蔑评论。

我向读者保证我已经尽力去吸收弗洛伊德学说里一切合理的理论，也努力去研究有关压抑的事实和理论（如果读者对我在这个艰涩问题上的观点感兴趣，可以参考我的《变态心理学概述》这本书，在那里能找到更全面的讨论）。我也向你们保证，不管是弗洛伊德教授本人还是其他有见识的精神分析学家，都不会同意我刚刚提到的流行推论。他们更承认（应该把它放进精神分析学家写的警句里）压抑是一种文明的体现。没有广义上的压抑，没有限制，没有自我约束，没有在善与恶、主善与从善之间慎重的选择，没有法律，没有规矩，那么就只有最糟的混乱和野蛮，不会有任何更美好的东西，甚至没有善良一点的野蛮所能获得的美好。

破坏我们自制能力和威胁我们个性正直的压抑，在技术层面包括伪装我们自己的情感激动和冲动。如果我们假装我们没有生气；如果我们拒绝承认我们嫉妒，或妒忌，或渴望，或失望，或害怕——而事实上这些倾向正对我们产生影响，那么我们就是从对自己有害的意义上在练习压抑。那种形式的压抑是坦诚的自我批评和诚实的自我克制的对立面。

我会说一句无害而又必要的"该死！"，以这句咒骂的词来缓解紧张——这是没有坏处的。但是即使是那样，我们也要有节制地练习。如果我们只是受到最微小的刺激，却无视所有的规矩，猛然说出这个粗俗的词，那么它就仅仅变成了一种坏习惯，而失去了它调剂的作用。因为它只有作为对常规瞬间的成功挑战，才能起到作用。

还有，尽管我写了很多关于控制愤怒的言论，但是我承认言辞锐利的谴责在我们的全部装备中有它的分量，在训导中有着它的角色。有的情况下我们应该生气，甚至是非常气愤，并且把它表现出来。那么，在深思熟虑后，我们决定对一个孩子实施体罚，那我们就应该盛怒地惩罚他，但不要采取残忍的手段和方式，这样这个孩子会更好地理解我们的用心，并且会原谅我们。

我所说的这些有关控制情感倾向的话，并不是斯多葛学派冷漠、不受任何情感影响理想的托词。这对于任何人来说都是不可能实现的空想，对那些在这个混乱的世界有事要做的人而言只是一个越来越弱的假设；回归到其逻辑上的极端，它类似于植物人的状态，这是一种状态，在这种状态下，所有渴望、所有努力、所有活动都中止；这种状态与死亡不易区分。

第四章　人性的其他因素

气质与脾气

气质，总被人跟性情混淆，它与性情一样，大部分都是天生的，它也容易在生活的过程中受到影响。不同个体的气质也大有不同，有的人天生就非常快乐或幸运，而有的人的气质——如果可能的话，我们会想要去纠正它。跟性情一样，气质的较极端的情况容易带来麻烦，但这也使它更接近中庸，并能够得到很好的改善。

那么，什么是气质？我们可以大致地定义它是身体对精神生活所有化学影响的结果。这个定义当然包含了一种气质的理论，而且是一种有充分根据的理论。这一理论跟科学一样悠久，因为它源自古希腊，但是近几年在这个问题上模糊的思考才开始让步于知识。我们还只是处在这种知识的起步阶段；不过有几点已经确立下来了。我们知道我们身体器官的化学性质深刻地影响我们的气质；而医学已经能够有效地干预纠正某些不正常的气质。由于这是内科医生的事，我不会继续描述它，而只是摆出事实，注意这些可能发生的事对我们自我指导非常重要，同时对那些负责照顾小孩的人则更加重要：因为，当气质出现重大反常因素时，我们需要寻求医学帮助。医疗可以迅速地治疗一种缺陷，或一种过剩，而我们用自我克制和自我约束的方法来对付它们则可能需要相当长的时间，甚至是徒劳的努力。

这些因素中最显著和最容易理解的，也许是甲状腺激素——位于气管旁边的组织——它对女人优美的颈部曲线的形成起到重要作用。任何甲状腺激素不足的人不论是在身体还是心智上都异常迟钝；而先天或后天有此缺陷的小孩，会停止正常发育；他的心智和身体成长都非常缓慢，在极端的情况下小孩在这两方面都是矮子，"矮小的智障"。幸运的是，这种缺陷如果及时发现，可以通过给病人的食物里加入必需的化学物质来治疗。

相反，如果这种激素的化学活动过于强烈，那么心智和身体的发育就会太过迅速，这种情况也并不少见。病人变得焦躁不安、激动、很容易兴奋和情绪化，倾向于让自己到达一种解放的状态。这又是一种医学能提供帮助的情况。

还有其他类似的因素，它们起到的作用不亚于甲状腺激素。面对这些因素，很多外行会说："多么可怕啊！我们体内发生着讨厌的化学过程，而我们却不能控制它们。"对此唯一的回答是，任何对这一事实的反抗都不能停止它们；我们唯一能做的就是试着去理解它们，从而慢慢增加对它们的控制。长篇大论古人的气质理论和身体的四种体液理论的哲学家可能以一种厌恶或道德义愤的姿态来拒绝现代的知识和旧理论的新发展，这很可笑。不过这也是人性的一个弱点，即便在某些哲学家身上也是如此。

在人们看来，自我认知和生活行为最为重要的气质区别，也许就是内向和外向型气质的区别。对于这种区别的一些模糊认知近年来已经广泛传播，在这里再说几句与此相关的话是再合适不过的了。

就我们所考虑的因素，所有气质可以按一个刻度排列，从极其内向到极其外向；幸运的是，也许，大多数男人和女人都被排到这个刻度的中间部分；也就是说，他们既不是特别内向，也不是特别外向，只是位于刻度中点稍左或稍右的位置。

极其或明显外向的人，他的内心活动，尤其是所有的情绪变化，非常容易立刻表现出来。他非常坦率。不仅仅是他的情绪生动地表现在脸上，而且他手势自然，说话轻松不受约束，甚至是在谈论别人看来不易启齿、几乎不合时宜的话题，比如性、宗教、美、荣誉、事实，以及其他私人话题时也是如此。因此，他容易与其他人接触，迅速与他人建立融洽的关系；并且，如果他其他方面天赋也不错的话，他在任何圈子里马上就会成为"和每个人都相处甚好的人"。

极其内向的人处于刻度的另一端，他不易表达感情。他感情变化的能量，似乎不是流向外部去激活肌肉，而是流向内心，刺激和维持内心的深思。

于是外向的人生来即是善于行动的人；而内向的人则是善于思考的人。前者只有在不思考就不可能达到目的的情况下才会思考。而后者的思考是如此自然，他有可能处于完全不付诸行动的危险之境。外向的人，由于缺乏思考，容易轻率，也就是说，他容易无视自己行动的动机。内向的人几乎不可避免地达到很高程度的自知，他总能获得关于自身的一些知识，然而却不全面也不准确；他容易发现，当他需要起来去行动时，他的自我意识会成为一个负担，他被自己的思考、冥想和沉思的倾向在实践中束缚了手脚。

就像性情与其他气质因素一样，每个人在内向——外向刻度上处于什么位置似乎主要受遗传因素影响，环境和适度训练不能够改变。事实上气质比性情更难通过训练来改变。因此，认识我们自己和其他人的气质非常有用，不是为了改变它，而是为了我们在计划自己和他人的人生航图时能够考虑到它，在航图上标记出我们必须要避开的暗礁和暗滩，使我们能顺利地航行在人生的航路上。

在这里我们再次看到进行集体规劝或建议是多么不可能，每个个体是如何有他自己特殊的问题，个性需要特定的调节，以适应环境。没有必要劝外向的人起来行动；他更需要学习的是如何在行动之前先思考，学着更有控制力，更能自觉地深思。而让内向的人在行动起来之前先看清楚状况则毫无意义；通常他的弱点是他思考的时间如此之长，以至于他从来就没有行动过。

外向的人在恋爱中会给他的情人写十四行诗，并在城里的各个角落背诵它们；他会不计后果地爬上她的阳台。而内向的人甚至连念出她的名字都觉得很困难。

生气或受到侮辱时，外向的人会猛然掷出有力的言语以还击，甚至大打出手；而内向的人也许会长时间沉默地思忖他的伤处，也许在其寓所生气，被其内心不相容的倾向之间的冲突所折磨。

那么，外向人的缺点是草率、鲁莽、考虑欠妥的行为；而且，如果他有着不均衡的性情，如果他内心的某种倾向过分强烈，他将很难抑制它。他总是容易轻率，无视他真实的动机，从不质疑他的行动正确与否。当困难太大，以致他调整的能力不足以应对时，他容易崩溃，变得歇斯底里；他会突然神秘地失去控制，失去记忆，某一两个肢体器官失去感觉或运动能力——或二者皆有——部分或全部地失声或失明或失聪；尽管如此（甚至是因为它也许通过缓解他的义务和责任，反而解决了他的问题），他可能仍旧保持与周围人良好的关系。

内向的缺点是忧郁（是一种受未完全释放的情感所作用的心情）、闷闷不乐、过于矜持以及缺少回应，这使他变得自闭——尽管他内心也许有着强烈的与人交往的愿望——倾向于做白日梦和幻想，甚至想象出来的世界比外部世界对他而言显得更加真实。当他遇到严重困难时，他容易受内心冲突的折磨，把自己封闭得更彻底，与同伴越来越疏远。

脾气特性

在口语里，气质这一词里的含义包括某些特性，在严格的科学分析中，它们应该是分出来归到脾气里面的。在幼儿园我们通常用"脾气"这个词来指生气或一种生气的情绪；但是那只是非常狭窄的口语用法。那些对语言有辨别力的人能够通过使用不同的形容词来区分不同的脾气；他们会说一个人脾气热烈、懒散、坚忍不拔或坚定不移或坚持不懈、变幻无常或不稳定、满怀希望、沮丧或反复无常。这些脾气特性是持久的品质，它们似乎是先天的，我们身体的组成纤维、环境和后天训练几乎不能改变。然而，为了自我克制和明智的指引，需要注意这些特性，这样我们就能很好地理解和应用补偿的原则。

一个人特有的脾气似乎表达出与他所有情感倾向相同的品质。如果一个人在一种情形下满怀希望或乐观向上，他很可能在其他情况下也表现出同样的脾气。如果他对爱坚定不移，他很可能在憎恨、报复和野心上也同样坚定；如果他对待他所爱之物尽管热心却易变，那么他对待运动、学习、专业也很有可能不能坚持而多变。脾气善变的人极容易受欢乐和伤痛、成功和失败，或者最小的成功或失败的前景的影响；最小的环境和前景的变化都会让他到达派生情绪的巅峰或谷底，从自信和希望到沮丧和绝望——无论什么情感倾向在他内心起作用，无论是竞争、爱、报复或任何其他的因素都是如此（派生情绪有自信、希望、焦虑、沮丧、绝望、后悔、伤心和悔恨等，我不得不向读者推荐我的《心理学概论》这本书）。脾气冷静的人不易受这些影响；然而，尽管冷静，他也可能热烈或冷酷、坚持或多变、坚定地充满希望或坚定地沮丧不已。

脾气很难矫正；但是我们可以学着认识我们自己和他人脾气的多样性，在评价过去和制订未来计划的时候要考虑到它们。

第五章　性格的形成

"生命里摆在一个人面前的所有任务中，教育与管理自己的性格是最为重要的，并且，为了使它们成功实施，人们有必要对自己的倾向做一个平静而仔细的调查——无论是通过自我欺骗、掩盖错误和夸大优点，还是不加选择的悲观主义、拒绝承认自身好的力量。他必须避免宿命论，因为这会使他相信他对自己的天性没有控制力，同时他也必须清晰地认识到，这种力量并不是无限的（W. E. H. 莱基）。"

到这里我们已经讨论了性格的原材料，即，性情、气质和脾气。现在我们必须思考我们所说的"性格"是指什么，性格是如何形成的。因为性格不是天生的；它是我们逐渐获得的。有时我们说一个人缺乏个性，有的人我们则说他"有性格"。我们认识到我们所有人都会形成一定程度、一定类型的性格——不论好还是坏，强还是弱，优雅还是粗鲁——认识到这一点非常有用。只有在性格形成的过程中，在这个可以并应该贯穿我们整个人生的过程中，我们才能找到最充分的指引和自我引导。

在生命的初期，发育最为迅速，性格非常具有可塑性，最容易受到指导的影响。我们总是被告诫早期教育非常重要；有时这一论断作为强制推行儿童智力训练的理由被接受。很多望子成龙的家长犯下这个重大的错误。他们用各种想得到的方式来刺激幼儿的精神活动。在他自己的母语还说不流利之前，他们让他说双语；他才刚刚在外语方面取得一点点进步，他们就开始强迫他学习第二外语；然后，也许学完法语和德语还要学习拉丁语和希腊语。所有这些都相当愚蠢。如果孩子对这种过程做出强烈反应，说明他不需要它；如果他没有做出反应，是因为他不能，他也许会对精神上的东西一辈子都感到气馁和反感。让赞成这种做法的父母列两个清单，一个是只会母语的智力超群的伟人，另一个是会多种语言的伟人；他们会发现第二个清单与第一个相比非常短。尽管不可能证明，但我强烈相信在母语还没有掌握得足够好以前学习第二种、第三种语言，甚至更多，这对于智力发育甚至对于正确和有说服力地使用语言都是非常有害的。无疑，有很多孩子受到强迫，深受其害，精神反复无常，身体活力和发育受损。那么，我们在实施一种做法之前，应该非常确定它能够使孩子得到实质的智力受益，而不能让孩子去冒这样的危险。

事实看来，一个人智力与记忆力的程度是天生的，不能通过任何强迫来获得相当大的提高。当然，跟所有功能一样，如果它们要发育正常的话需要使用一定技巧；而普通的家庭生活，尤其是一个有智力品味和兴趣的家庭，能提供足够的刺激和练习。这里主要要注意的是，首先，应该给孩子空间让他自然地形成兴趣，直到显现他不同倾向的阶段的到来；第二，他应该有适当的中意的伙伴。对某种特定兴趣给予一点点刺激完全可以，但是不要强迫和操纵。否则充其量我们只能制造出一个读书甚多的书呆子，并且有可能招致灾难——孩子身体上或精神上的崩溃。最容易屈从于强迫做法的孩子恰恰最容易成为早年精神失常的受害者，学医的人把它叫作早发性痴呆（精神分裂症），这种病毁掉了很多前途光明的年轻人的一生。

早年是很重要的时期，这对于性情的塑造和性格的形成是正确的。婴儿尚在摇篮中时，他性格的基础被建立，众多影响开始发生作用。父母应该监督，使这些影响尽可能地对婴儿性格的形成有利。并且，由于在这个阶段以及整个童年时期，这些影响几乎无一例外都是通过与人的接触起作用，因此主要要保证与孩子有接触的人都是有着快活与让人赞赏性格的人。性格形成的过程尽管非常微妙，在早年却可以大体上视为一个从周围人身上吸收影响的过程。

我们有时候听到母亲，尤其是聪明、有知识的母亲，说"孩子在这个阶段不需要我；我会做的一个训练有素的护士都能做到"。她们打算把他给雇来的人照顾，直到他年龄大到能成为智力强迫的牺牲品为止。这是一个重大的错误，一个造成无数重大后果的错误。如果父母相信他们自己，如果他们相当适合为人父母，那么他们能为幼小的孩子所做的最伟大的事情，就是始终给予他们陪伴；因为这样他们能给予孩子任何财富都买不到或者潜移默化的一种影响，它美好而真实地构成一种幸福和有效生活的基础——良好性格的基础。

想想母乳喂养的影响。"用传统的母乳喂养方式，还是用现代的奶瓶来喂养婴儿，这之间有什么区别？如果有区别的话，是否不全是支持用奶瓶喂养的？"因此现代女性倾向于争辩；考虑到方便，考虑到她的重要义务，她的社会义务，她的职业活动，抑或是考虑到她关于儿童卫生和家庭管理的演讲，她们严重偏袒那种观点（我知道一些相当聪明的女人非常忽略她们的孩子，却常出席一系列关于儿童管理的演讲或讨论）。并且，不幸的是，这种母亲的首要职责——尽管现在很多现代女性生理上不能提供母乳（不论是由于天生身体缺陷还是更多地由于她们忙碌的生活方式）——已经被现在如此流行的弗洛伊德主义和它的中心教条"恋母情结"扭曲成可能会带来严重后果的事情。最后这一点非常荒唐也很成问题。我在别处已经详细地批评过它（《变态心理学概述》）。这里我必须指出，首先，弗洛伊德教授自己后来在这件事情上已经放弃了他的观点，不再作为这个教条的代表，发表放肆的言论——尽管这些言论仍然被他的一些追随者所奉行；第二，这种情结作为人类生活的普遍因素的观点基于弗洛伊德学说的中心错误，即所有爱都与性倾向的作用有关。如果我们认识到，就像我们必须的那样，所有爱的中心和根本倾向，不是性倾向，而是温柔的保护的倾向，其首要功能是呵护婴儿，那么我们就能看到恋母情结这一理论包含着一个以极端扭曲的形式所表现出来的真理，这个真理即，用母乳哺育婴儿构成所有孩子后来对母亲的爱的基础，并通过一种共鸣的感应激活这个婴儿温柔的能力，为其以后性格的形成打下基础，使他以后性格中温柔的冲动起到中心的作用，而他所有的爱、怜悯和敬爱的感情，所有的温柔和周到，所有好的礼节和高尚的道德都由此而来。

我不是宣称，失去这第一件最珍贵礼物的婴儿今后就不可能形成这种感情或表现出这种品质；我仅仅是坚持认为他这些方面的性格更倾向于缺乏或发育不完全。我认为全部由奶瓶喂养所成长起来的民族更容易表现得举止粗俗，对待所有关系都冷漠和严厉，缺少温柔感觉的优雅影响。

现在有些父母，由于受弗洛伊德哲学的教导或受现代卫生学以及微生物感染的影响，不仅拒绝其他人亲吻他们的孩子（一个不是不合理的禁止，适用于面对陌生人的情况），还对他们自己也立下这样的规矩。这是为了遵循一个很重要，并且需要在这里提到的原则，但是这种做法却走了极端。尽管婴儿从母亲的温柔照顾那里获得最根本的受益，但马上会出现一个时间，需要在这种事情上有所限制。每个人的身体都是一个不可亵渎的神庙；过度地沉溺于爱护和呵护发育中的孩子就是一种亵渎。正常地、有理智地养大的孩子，很早就明白有所保留和身体的节制应该受到尊重。如果我们看到一个年轻男人在公众场合搂着他母亲的腰，或一个少女坐在她父亲的膝盖上，我们肯定会感到，这些父母没有能够奉行应有的克制。

正如婴儿通过微妙的情感感染获得对母亲的爱，他在生命的前几个月和前几年通过情感反应和态度也获得很多别的东西。如果家庭的氛围是应有的，那么孩子均衡的性情就不需要被训诫或纠正。刚刚萌芽的情绪和情感通过从周围环境中吸收信息的行为得到正确的塑造和鼓励。但是如果这个环境中有丑陋的东西，如果父母是如此卑劣的人，他们嫉妒孩子更喜欢对方，如果他们争吵不休，或者不真诚，或者很吝啬，或贪婪，或自私，如果他们之间的关系缺少和谐与相互尊重，那么，不管他们试图多么仔细地去掩盖这些事情，孩子的发育多少还是会受到扭曲；最坏的情况是，他心里自此播下未来不幸的种子，这还有可能成为他神经问题的开始，在后来可能爆发出明显的症状：口吃、恐惧症、强迫症、各种性反常行为，以及一系列神经质的缺陷和神经衰弱的痛苦——这并不少见。在很多家庭中，神经症性障碍连续几代突然出现被认为是遗传性身体缺陷的结果，而实际上它们是由于缺乏合适的家庭氛围，这种缺乏以一种性格缺陷的形式一代又一代地传下去。

那么，儿童性格形成最重要的事情是，父母应该是适合为人父母的人，他们之间以及他们与孩子的关系都恰到好处，而孩子应该学着热爱、尊敬和欣赏他们的父母。根据旧的惯例，孩子热爱与尊敬他们的父母仅仅因为父母就是父母，或者因为这样做是他们的义务。但是对特定的人的爱与尊敬是后天获得的感觉。它们不是天生的，它们需要逐渐形成；而一旦形成，要让它们不再消失，就要不断地投入和强化。爱，就像所有其他情感一样，不仅仅是一种片刻的情绪；它是一种有生命的东西，并且，像所有其他有生命的东西一样，它逐渐成形、组成；它从不停止，也不会保持不变；它不停地增强或减弱。而太不幸的是，爱在生命的任何阶段，都有可能受伤或变形；它受到的伤害可能如此之深，以至于它的成长完全停止，变为一个衰败的过程。

　　母亲，在通常快乐的情况下，在孩子出生以前就学会去爱他了。而在父亲身上，这种爱的成长没有那么必然，通常要慢一些。而在孩子身上就更没有必然，也更缓慢了。父母必须赢得自己孩子的爱；并且，如果他们想保持这种爱，就必须不懈地培养它，不能仅停留于表面，还要真正地加深这种爱。如果所有的父母都把照顾他们的孩子摆在第一位，胜过所有其他的事情，如果他们把持续地保有孩子的爱（仅次于他们相互之间的爱）作为他们最重要的价值，那么将不再会有那么多人到了中年和老年，发现自己孤独、被抛弃或仅仅由于一种义务而被忍受。现在所谓的新心理学（我指的是精神分析学领域的心理学）广为流传，它教导孩子的第一任务和第一需要即摆脱父母的影响：只有这样才能使孩子形成发育完全的人格。我敢说这是最不幸和最无根据的教条。它毫无根据：因为它是由"恋母情结在所有正常人的生活中都起到作用"这一理论推导而来的，是一个本身就建立在一个错误之上的理论。并且它还是不幸的：因为这种学说顺应了与此同时出现的家庭纽带被普遍弱化，一部分年轻人抛弃对他们父母的所有忠诚，所有尊重，甚至是所有关心。

　　即使所有这一切都是真的，或者有很多是真的，儿子被母亲所束缚，女儿被父亲所束缚，像恋母情结理论里断言的那样，因此如果他们要理想地结婚，就必须先打破这些可怕的束缚；在这个充满人口压力的时代，如果有很多年轻人与父母紧密联系在一起，那也是一件好事。因为，不论我们持有何种理论，我们不能否认，儿子对母亲，女儿对父亲的爱，在他们年迈的时候通常是一件非常美好的东西，极大地丰富了双方的生活，而没有它，双方可能都继续保持冷漠、自私和沉闷。关于这个话题我在后面一章会解释更多；这里我们只讨论一般原理。

那么，年幼的小孩不知不觉地从他周围的人和事中吸收信息，形成他的性格；而性格的原材料，我们前一章所讨论过的先天倾向，集中于或附属于那些反复激发它们的人和事；从而形成一种持久的感性习惯或态度，我们称之为情感，喜欢或不喜欢、爱或恨、尊敬、赞美、感激、害怕或厌恶的情感；而所有这些则不可避免地，受到父母的指引或以父母为榜样。如果榜样是好的，那么在孩子早年就几乎不需要规诫、训诫、纠正和惩罚，至少有着均衡性情和平均气质的孩子不需要。

在儿童晚期和自我意识变强的青春期，孩子开始形成对自己和他人批判的看法；而且，当他开始认识不同的道德品质，如勇气、善良、公正、大方、诚实与它们的反义词，他也逐渐形成对它们喜欢或讨厌的情感；同时他开始要求自己拥有那些他喜欢和欣赏的品质，并且要求自己远离那些他已经学会蔑视和鄙视的品质。这个过程主要受那些与他有私人接触的人的影响；最重要的是他最亲近的人应该是有着良好性格以及能够赢得他的尊敬和欣赏的人。

对于那些很早就开始阅读的孩子，他们日常阅读的书的作者的个性，其重要性仅次于与他亲密接触的人；因为他们在写作中展现出自我——即使他们写的只是童话和冒险故事或其他小说；而且，由于作者的威望和世界范围的声誉，他们的影响可能会超过所有家庭、学校和教堂里最熟悉的人。

在这个自我意识迅速增长的阶段，一点点考虑周到的建议或经过深思熟虑的指引是恰当的；但是，如果通过对孩子感兴趣的个性、品质和行为间接地表达意见，这比直接的建议或训诫一定会更有效；而且，在这两种情况下，这些意见或建议只有来自已经赢得孩子尊敬或欣赏的人才会有效。在这种关系中，是否是官方的立场如父母、监护人、老师、牧师、主教，这并不重要。至于父母、老师和牧师，古训"亲不敬，熟生蔑"（至少是冷漠）依然有用——除非他们展现出孩子很感兴趣的品质。在外界的声望也许对年长一些的孩子有些许影响，但总的来说没有帮助。

现在想象一个孩子或一个年轻人，出身良好，生活的环境对他的成长相当有利，尤其是在家庭影响方面，他已经形成的对人对事的情感一如我们的期望。他学会了爱护和尊敬父母或是其他值得尊敬的人；他爱他的家和祖国；他对值得赞常的行为和性格品质有鉴别力；他厌恶和鄙视那些大家一致认为卑鄙和下流的行为。那么他还需要什么以形成好性格？

他已经获得的情感是好性格的基本组成部分；它们比他先天的原材料，比他性情的倾向和气质与脾气的品质要更为重要。它们是多年成长和管理的产物。如果我们试图用某种类比物来使我们对性格培养这一过程的概念更为清晰，那我们在这个机械的世界里找不到这样的类比物；但是我们在组织团队的时候，可以想象一个非常类似的过程。

想象你需要建立一个巨大的工业或商业集团。你需要各种技能的员工：店员、速记员、包装工人、分类人员、采购人员、销售人员、广告人员，等等。你把他们分配到多个特定的部分，你负责组织每个部门，使它们高效率地各司其职。那么你就有了一个负责的组织，类似于我们所说时期的孩子的性格。这样的一个组织在最根本的一个方面显然还不完整。它还不是一个整体；它还没有被整合；因为它缺少领导。没有整合，没有一个负责协调的领导，如果幸运的话它也许能起到不错的作用；但是它却很容易出现故障，变得失去平衡；一个部门变得不必要的庞大和活跃，而另一个则人员不足或行动迟缓，没有阻止或纠正这种缺陷和混乱的办法。

人们需要的是一个领导、一个首领、一个主管，或者一个小的管理委员会，它的职能应该是统揽全局，以明确地界定其目标、其目的，或者扩大和更正它们；以批判地估计所有部门的能力；以确保它们之间职能的平衡；以使组织的每一个部分都从属于总体的目标，并且为有效达成那个目标而贡献自己适当的能量。只有在这种协调的指引下，一个组织才融为一个真正的整体，能够在不利和多变的情况下保持最高的效率。

上面所说的一个人的性格已经发展到的程度就像是有很多部门的商业组织唯独缺一个领导，或者有，但却是最不适合的领导，他对他的部门没有了解，在他们中间没有威信，没有明确的目标或目的，没有确切的概念，没有他的组织应该成为的理想的样子和应该做的事情。很多人一生都停留在这个阶段，性格只处于部分发育的状态。这样的一个人也许会生活得很满足；事实上，只要环境完全对他有利，他能生活得非常幸福和成功。但是他对新的情况，尤其是不利的情况完全没有适应能力；他更容易形成严重的性格缺陷；他不知道如何发挥出他的潜能，并指挥它们去作战；简而言之，他缺乏意志力。意志或意志力是性格发育完全的表现；它是行动中的性格。

一个性格停留在这个阶段的男人或女人在某些行动中可能会展示出巨大的力量和坚持。比如，如果一个女人母性本能非常强烈，对孩子非常热爱，这种爱的作用可能会非常持久和异常神勇，她的整个人生都被这种主要的情感或热情所主导。但是她可能会是一个很不明智的母亲；她的行为中会有一些狂热和不可控的东西，完全缺乏辨别轻重和相对价值的能力。在服务她所宠爱的孩子时，如果需要的话，她会毫不迟疑地撒谎、抢劫、诽谤或谋杀；她所做的任何事情在她看来本质上都是正确和合理的。她的结局诠释了她全部的价值观。

我能想到最好的例子就是希拉•凯耶•史密斯（Sheila Kaye Smith）的《苏塞克斯•高尔斯》（*Sussex Gorse*）里的男主人公。这个男人在很多方面都受人尊敬；他是一个温柔的丈夫、父亲；生活整洁、体面、节俭和勤奋；然而他却使他的众多孩子，一个接一个地，遭遇痛苦和叛逆，他们中的大多数甚至遭受灾难；毁掉一个又一个妻子的生活，到老年自己被完全孤立。而所有这些灾难都归咎于主导他生活的主要情感，即他对土地，对他父辈的农场狂热的爱——他全身心地改善它、扩大它。

我们在有些智商相当高、有着强烈道德和宗教情感的人身上也发现类似不健全的性格。事实上，虔诚容易加重这种不健全；它会使人更相信其行动的正确性，其目标的价值以及他采用的各种方法的合理性：因为他总是站在主的那一边。我尤其想到一个一流的英国政治家，他一直到死，一半人热爱他、赞美他；而另一半人，则认为他是不择手段的伪君子。当然，我指的是 W. E. 格莱斯顿。在美国，我们在伍德罗·威尔逊身上也发现类似的情况。

这样一个人本质的不足是他太天真，即他没有理解或批判地领会自己的动机。无论何时，他持有的任何观点在他看来都是绝对正确的；尽管几个月后他在同样一件事上的主张和说法与其此前观点也许完全相违背，甚至直接对立。因为我们听到他要求"没有胜利者的和平"；而不久后我们又看到他号召动用压倒性的武力，无条件无限制的武力。公众对这种性格似乎没有办法，就像上面提到的这两个例子，公众分为热烈的仰慕者和严厉的批判者，对他们不加选择地赞美或者没有限制地谴责。

这样全心全意不加批判地信任他观点和目的的正确性可能有助于提高这个人的影响力，尤其是在公共生活中的影响力，在那里，成功取决于他给大众留下的深刻印象，以及在战车轮子上说服公众的大部分人。但是这样的人，危害民主，他获得权力只是因为大多数民众跟他们自己一样，仍旧停留在我们所讨论的性格发育不健全的那个阶段。只有有这样的公众，那些蛊惑民心的政客所耍的花招才会有用；而智育和公众事务知识的推广本身并不能提供解决办法。

一个仍被大众广泛而含糊接受的旧理论容易在这一发育不完全的阶段妨碍性格。我指的是"良心"的理论，凭借上帝的力量而灌输的宣传工具，告诉我们什么是正确的，什么是错误的，迫使我们做正确的事情。因为那些接受这一理论的人总是能为他们的任何行为找出理由；宣称他们的良心赞成他们或促使他们做这件事，他们拒绝接受任何其他理论，用诡辩或决疑论来谴责任何或每一种批判性的自我反省。当然，这是一种简陋理论的简陋应用，但这些并非不普遍。

我刚刚说我们考虑的缺陷的根本是天真。或者说缺乏批判性的自我认知和自我判断，尤其是缺乏对产生影响的动机的理解，是缺陷的基础。缺陷自身是一种性格发育的缺乏；它只能通过练习批判性的自我意识才能治愈。还有，在更深层次的发展中，需要区分两个过程：第一，某些性格理想的形成；第二，批判性地应用它，作为对比的标准，以及努力实行那个标准。

在前一个过程中我们必然极大地受到我们所崇拜的榜样的影响，不管是现实生活中的，历史上的，或是艺术作品中的榜样。青少年通常对这种性格充满热情，并强烈渴望去模仿它，成为他所钦佩的那样。他也许会一直被这种具体的理想支配；但是，更多情况下，当他的经历增长，他会发现其他以及众多个别的性格也非常值得欣赏；那时他就必须在这些性格之间做出选择，或者为自己建立一个结合了他所有榜样的过人之处的理想，并且要适合他自己的本性和独特的生活环境。

年轻人经常给自己设立一个外在和肤浅的理想。他看到一个人有傲人的成就和地位，于是毫不思索是何种性格特征使他的偶像能够扮演如此重要的角色，就希望做出相同的事业和取得同等的地位。过人的聪明、才智、理解能力、学识、口才更容易被人赏识，而它们下面所隐藏的性格特征，则往往被人忽略。没有性格特征作为基础，这些将没有任何意义。

模仿智力品质——如果这是严肃和持久的话，可能有利于性格的发育；但是它往往令人失望，并且，即使成功，它也倾向于形成一种非常扭曲和不完全的性格。然而这却是有着高等教育传统的英国体制形成性格的主要方式。看上去，我批评这个体制，是在公然挑战已经广为接受的真理；因为这个体制的拥护者总是宣称，它的主要优点就是，它成功地培养了性格，尽管不幸的是它也许不能培养智力上的兴趣；这种论断被普遍认为是公正、有根据的。那么，我必须在这一点上多做一些阐述。

也许区分理想和抱负很有用。抱负是对一个很好的地位的构想和渴望，渴望取得什么，从而能够赢得同伴的认可和尊敬；它只注意外部。它有行动的渴望。而理想是渴望成为让人欣赏的人，不管实现它的过程是否赢得我们同伴的赞美还是不被承认。亚当·史密斯在著名的《道德情操论》里写道，我们内心有一种东西促使我们渴望值得称赞以及被称赞。这就是我所坚持的区别。抱负是渴望被称赞；而理想是渴望成为值得称赞的人。我们不能忘记，为了成为想要成为的人，我们必须行动起来；最终不落实到行动上来的渴望和决心对性格的形成没有一点影响；我们必须"做出光辉事迹"，而不仅仅是"成天幻想着它"。不过这种区别相当有力，并且非常重要。套用一句古话，我们可以说抱负是渴望出人头地；而理想是渴望保持诚实。现在，英国公立学校体制，用它反对一切反省的偏见、它对竞争动机的强烈吸引、它对成功的运动员和学者的奖励和奉承，极大地刺激了抱负；而英国生活总的来说，用它绝对专业的奖励、它巨大的奖赏、圣公会主教、头衔、统治者的职位、议长、相当有保障的收入、对那些爬到树顶端的人的社会思考、它向所有能够以及想要向上爬的人极具诱惑地展现出来的社会阶梯，所有这些对聪明的男孩和男人施加了相同的刺激。它的好处是男人的能力被充分发挥出来，得到进步，并且成为服务这个国家的主要来源。而这正是大不列颠在世界上取得成功的重要秘密。也必须承认，在美国，缺乏同样有组织的荣誉和奖励体制是民族生活的一个弱点；因为它使很多天赋都没有被开发出来，或者没能把它们纳入对集体的服务之中。但是与此相应的是，它也有好处，即抱负没有被如此强烈地激发，人们能更自由地追求一个理想。诚然，得到财富成为很多人的抱负；但同时也被广泛承认的是，它本身并不是一个让人满意和满足的抱负；因此，我认为美国生活中做出慷慨行动的频率，它通常用最私人的方式实现，这种行动几乎与英国不可相提并论，然而这种行动却使美国如此多伟大的机构成为可能，没有它们，美国的文明将会贫乏得多。

因而我们不能指责抱负，认为它只是个人的一种偏激的想法；我们甚至必须认识最不理性的渴望——对死后名声的渴望，它在一个民族的生活中扮演着一个不可或缺的角色，一个能够为名人纪念馆、雕像、纪念碑和纪念会提供充分"素材"的角色。然而我们必须认识到抱负是一种弱点，并理解为什么它是一个弱点。它是一个弱点是因为它是对最好或最高的东西的渴望；它会造成一种不完全的性格。一个纯粹野心勃勃的人，尽管他也许能忍受大量的劳动，达到极高的效率，并提供优质的服务，但他也许内心其实非常滑头。"如果我服务上帝像服务我的国王一样好，他一定不会在我年老的时候把我抛弃。"这是一个曾经非常成功且很有抱负的人的呼声。单独只有抱负，倾向于制造出一个不择手段的人，因为顾虑常常会妨碍抱负的实现。

在另一方面抱负也是一种弱点：它永远得不到满足。实现自己设定的目标很少能带来所期望的满足感，很少能使人满意、得到宁静。相反，它成为一个永远不能被满足的欲望，但是需要重新被更多的人更响亮地赞美。亚历山大的事例就形象地说明了这个原理，他哭泣，因为已经没有更多的世界来让他征服了。

那么，抱负是不够的。年轻人的理想也许包括抱负。对理想的渴望和追求不会使他有肆无忌惮的行为。相反，这种渴望将是他所能找到的，防止错误行为和性格缺陷，抵御抱负引诱的最可靠保证。一个最终目标是理想性格的人绝不需要害怕他会陷入亚历山大的痛苦境地；他在追求之中可以寻找一种合理的满足感，一直到生命最后的日子。即使他能力消退，或由于命运坎坷，抱负令他大失所望，即便是失明、变聋、残废、卧床不起或衰老，他仍然能够通过用尊严和愉悦忍受痛苦来向他的理想致敬。

有价值的理想的形成是一个渐进的过程；要使理想的性格适合一个人的天性和成长环境是一项需要判断力和评判能力的任务。这个过程中，本质上是一个获得"良心"的过程，在此过程中年轻人必然受到他所崇拜的人的巨大影响；好的建议能助他一臂之力。就像伟大的伦理学家 T. H. 格林真实评论的那样："没有人能不受任何帮助自己形成良心"；他必须从道德传统中吸收影响，主要从他自己所在的时代和地方的道德传统中吸收；尽管，如果他学习哲学的话，可以通过学习其他风俗、其他时代来扩大和优化他的理想；他也许会在柏拉图或亚里士多德，或伊壁鸠鲁或斯多葛学派哲学家，在佛教或孔子那里找到一些他强烈感兴趣并想加入到他自己理想中去的东西。

但是，当一些理想已经形成，还需要完成这个过程的第二部分，即批判性地把它作为他自己行为的标准和性格的评判尺度，有判断力地努力达到他的标准。而这才是这个过程中最困难的部分，在这个过程中，我们都会或多或少地失败，我们从来不会感觉到事情已经做完，我们必须完全依靠我们自己，没有人能帮我们。就像圣·洛·斯特雷奇在他最近的自传中，在描述完他男孩时代所受到的一些主要影响之后，写道："作为最后的一招，一个人是他自己的明星，必须铸造他自己的灵魂，尽管无疑，他有权利，并且有义务，去感谢所有好的机会和幸福的环境。"

被赋予一种理想的性格，多少崇高、多少优秀、多少适合他特定的需求，以及被赋予一种强烈与不懈的渴望，渴望认识到他自己的理想，那么这个年轻人就有了上路的本钱，向着成为有极好性格的人这一目标前进。

然而这种起到如此重要作用的渴望究竟是什么？它源自哪里？它跟其他渴望的关系如何？它的自然史是什么？这里我们触到了位于道德理论讨论中心的难题。对此哲学家给出了各种不同的回答。有的说这是理性的作用，美德只是一种知识的形式。有的人，像沙夫茨伯里勋爵，说这是一种天生的品位或审美能力。很多人跟随布特勒主教和查尔斯·福克斯，第一批贵格会信徒说它是一种特殊的天生道德能力，把它称为良心，或一种道德感，或者任你想怎么称呼它。还有以佩利为代表的人（神学功利主义者）说它是逃脱惩罚，确保生活的回报将会到来的渴望。杰里米·边沁学派的自然主义功利主义说它是保卫这一生的幸福的渴望（或者说最大的快乐和最小的痛苦）；他们主张这个社会的组成主要是惩恶扬善，于是他们想当然地认为聪明的人，看到这个事实，自然会更喜欢美德而不是邪恶，因为他更愿意享乐，而不是遭受痛苦。

这些由来已久的回答在我看来没有一个可以接受。多年前我曾经提议（在我的《社会心理学》一书中，在这本书中我第一次提出这几页所讨论的性格理论）用自然主义的方法来解决这个问题，直到今天我仍旧认为这在本质上是正确的。对这个问题给出一个明确的回答——是否在某种程度上，我们的道德本性，我们求善、追求理想的倾向在我们先天的身体组成中就已经预先形成（这是一个非常荒唐的问题，我们在将来的很多年里将仍旧不能回答它）。我认为我们所说的非常重要的渴望，跟我们所有持久而循环的渴望一样，都来自一种情感，而这种情感即自尊或自爱的情感。

注意，在寻找对理想的渴望的源头时，我并没有发明或发现迄今为止未被认识的我们天性的组成部分。每个人都知道，行为正常的人都有自尊；自尊对于调节行为非常重要，这一点也众所周知。如果一个人如此不幸，失去了他全部的自尊，那么他的处境非常糟糕，要帮助他重建道德需要做的第一件事就是，如果还有可能的话就恢复他的自尊。

自尊是非常真实和有力的东西；它是深刻影响我们行为和维持我们努力渴望的源泉。它是一种情感，在本质上，从起源、成长和实施上，与别的情感并没有不同。就像，当我们了解别人时，我们可能会学着欣赏和尊重他们，因此，当我们了解自己，当自我意识带来自我认知时，我们就能学着尊重自己。我的意思不是这种自尊的情感与某一种别的情感完全相同。任何两种情感，即使它们是同一类型，甚至是以同样的名义（就像爱或尊敬或恨），也绝不会完全相同。我们对于任何人或任何事的情感都是独一无二的，有其特有的历史、组成及其在我们生活中所扮演的角色。而这种特殊的情感与所有其他的都稍微有点不同；我们甚至不能够好几分钟都不想到它。它不可避免地被所有社交活动激活，开始运转；因此它变得极其敏感，它的冲动或渴望非常强烈；因为它成为我们很多最紧张的情感经历、最激动的喜悦和最严重和持久的伤痛的来源。得意（一种极其强烈的喜悦）、羞怯、羞愧、嫉妒、愤恨、自我谴责和悔恨是我们赋予某些最复杂的感情状态的名称，它们都源于这一种情感；并且，由于它的渴望是如此强烈，它也是我们最强烈和持久的希望、焦虑和失望的来源。

我们已经知道对某种目标的情感可能成为主导的情感，超过所有其他情感，支配他的整个人生，如母亲对孩子的爱，一个人对他世代所在的家和土地的热爱，对他的家庭、他的国家、他的教堂或他的上帝的热爱，一个人对他的王子的忠诚，或者对情人的投入。这种人的行为可能在很多方面受人赞美——这些方面包括他对一种事情的坚定投入、它的力量和持久以及对目标的专心程度，然而它也容易与狂热这一不足为伴的情感为伍，缺乏适度和相对值，太过专一，而忽略了很多本不应被忽略的比如像正义和诚实这样的事情。我们听到过狂热喜爱古代中国或其他形式的小古董的故事，他们尽管在其他方面都非常体面，但他们会不择手段或秘密地追踪他们觊觎已久的珍品；在这种案例中对不重要对象的追求成为主导情感，这显示出它已经没有资格去影响其他的主要情感。

自爱、自尊或自负的情感，如果变成一种主要情感，也容易引起行为极端和扭曲。如果它以抱负的形式出现，它会产生不择手段的行为；如果它以骄傲的形式出现，它会使他蔑视一切。但是它有一种特殊的优点，它能呈现出一种形式，使它自己能适合一切环境，在任何情况下都能为我们所能想到的行动上限提供一种确切动机。只有当自爱成为主导情感，而它也被理想的性格引导之时，它才能获得这种优点和这种能力。在这种指引之下发展，自爱成为情感系统的顶端、性格的飞轮、行为的调节器、所有道德思考的最高仲裁者；它对正确和做正确的事的渴望成为所有道德选择与自觉的决定性因素。

读者心里可能会有两种反对，一种是道德上的，一种是辩证的。他们可能会说：你想说服我们自爱是产生最高形式行为的根本因素。但是很多道德学家和传教士不是说忘我才是善良的精髓和所有美德的开端吗？我只能回答那种教条对我而言漏洞百出。确实有非常德高望重的人给我们举例，有的人一生致力于最忘我和最具牺牲精神的慈善事业和服务穷人或是遭受痛苦的人。但是他们不一定就是最好或者最完全的性格的典范。他们不是那种战胜巨大的困难，为世界树立新的标准，并作为榜样影响他人来效仿他们的类型。阅读斯特雷奇先生对弗罗伦斯·南丁格尔①的记述，你会发现，尽管她满腔热忱去救苦济难，但她绝不是一个顺从和忘我的人。她也许没有完美的性格，但是她有巨大的力量，我们称之为坚强的意志或性格。她用巨大的力量投身于她伟大的事业，因为她的温柔的保护倾向被她强烈的表现自己的倾向所加强了。她知道什么应该属于她，并坚持要得到它，即使她不得不拿起斧头砸开政府库房的大门，撕碎所有阻挡她前进的官僚习气。不仅如此，成千上万甚至是数以百万的善良女性一生都忘我牺牲；她们的影响随着她们的死亡而消逝。然而弗罗伦斯·南丁格尔的影响力留存下来，并且鼓舞无数人投身于同样伟大的事业中。

辩证的反对与我们已经讨论过的紧密相关。有性急的读者会说：前面的章节中你告诉我们每一种真正能被称为道德的行为，其源头都在于温柔地保护的倾向，在温柔地为他人着想之中。现在你反过来告诉我们所有好性格的根本因素是自爱。这两者怎么能协调呢？它们互相之间不冲突吗？我的回答是：就像上面已经证明过的，它们不冲突。

发育良好的自爱促成很强的性格，但不一定是有道德的性格。一个人如果性格很强，但是，如果他的道德情感崇拜中没有慈善、同情、自我牺牲和温柔这些品质的位置，那么这些美好的品质将不会存在于他的理想中；他不会培养它们，而且，在任何需要深思熟虑做出选择的情况下，想要认

---

① 弗罗伦斯·南丁格尔（Florence Nightingale），1820—1910，英国女护士，欧美近代护理学和护士教育创始人之一。——译者注

识和展现这些品质的渴望也不会出现，在思考的过程中将不会起到任何作用。如果保护的冲动在他心中没有完全萎缩，他可能会不顾自己，就像我们说的（或者说不顾他强硬的性格）被打动去做出一些包含某种程度的自我牺牲的有同情心的行为。他也许已经学会了讨厌和鄙视这些品质；他也许是尼采的信徒，他的理想也许是冷漠无情的；那么，如果他发现自己内心有任何温柔或同情的活动，他会坚定地把它们扼杀在萌芽之中，并不顾这种活动而选择无情的做法。他坚定地使行为服从理想的命令，尽管会有干扰，他还是会表现出强硬的性格，但这却不是有道德的性格。

自爱在决定行为时给予我们道德情感的效力。一个人也许有值得称赞的道德情感，但是，如果他没有强烈的自爱，如果他从来没有获得过，或者失去了自尊，他将没有强烈的渴望去认识到自己身上值得欣赏的品质。因此，不会持续地展示它们，尽管当没有强烈的冲动领着他往反方向走时，他也许会零星地这样做。也许他天生的性情就跟圣弗朗西斯一样非常善良，但是他也许会在愤怒或恐惧或欲念强烈之时，或者在乌合之众的感染下，做出极其残忍的事情。

那么很强的性格的精髓在于，自爱应该处于支配地位，它应该是主导情感；而性格的品质是包含在理想之中的道德情感的作用。道德情感决定性格的品质和行为；自爱保证这些情感所产生的冲动和渴望在相冲突的冲动中占有一席之地，从而使行为持久，使性格能够自发，使它总是朝向理想的指路明灯，总是沿着最具有耐力的道路走下去。因此，也许看上去自相矛盾，强烈的自爱能使人总是把自己的利益置于他人的利益之后——不管他天生的同情心和自我牺牲精神有多少。

那么，要拥有很强的、有道德的性格以及适当的道德情感，最重要的是两件事情，即：第一，有意识地把值得欣赏的品质收入到对性格的理想之中，并稳定地评估它们的相对值；第二，有很强烈和敏感的自尊，它持久地更新和保持努力，去认识一个人自身的行为和性格。

我们不要忽略，练习这些最高级别、最复杂的性格仍然有效。每一次这些更高级的因素开始活动，并且成功地决定理想的行动，我们就在某种程度上经历了一次成功的满足感，朝向这种行动的倾向得到强化和肯定；每一次我们允许它们在与其他倾向——贪婪、野心、欲念、恐惧——的斗争中占下风，它们就被失败的痛苦弱化和阻碍。然而"至少爱过和失去过，要好过从来没有爱过"；而且人一旦学会去热爱理想，即使他从来没有使它在自己身上成为事实，但是与其一直完全天真相比，他会少一些粗鲁；在认识到他自己的失败之时，他会获得一些谦虚，而这正是智慧的开端；他也许会希望拥有更美好的东西，他至少知道如何欣赏他人的努力、胜利以及失败。尽管他不是一个强壮的参赛者，没有赢得任何奖项，他也可能成为一个道德专家；尽管他也许没有美德，没有沾染各种邪恶，至少他知道什么是善，什么是恶。

我们已经讨论了一个非常困难的问题；让我们从自己的经验中得出实用的教训。首先，让我们鼓励自己和孩子的自尊；让我们细心地避开任何有可能损害或毁灭它的事情。其次，让我们反省自己的道德品质，并引导孩子们反省；让我们试着清晰而诚实地思考它们，直到我们能以某种理性的秩序估计它们的相对值；让我们努力去认识我们自身备受认可的品质，并鼓励我们的孩子也这样做。

道德运动——训练意志

一些在罗马教堂德高望重的权威嘱咐大众采取特殊的方式来训练意志。我记得其中一位建议他的读者每天拿出一小段时间，做一些完全无用和荒唐的事情，就是不要专门去训练意志：比如，以一种荒诞的姿势站立一段时间，或者把火柴盒里的火柴全部拿出来，以一种缓慢的预先规定好的速度把它们一根接一根地摆放在桌子上，然后以同样的方式放回火柴盒。这种练习不能锻炼肌肉、增强胸肌，或以任何方式促进身体健康或体能或灵敏度；因为如果那样的话，另一种不是纯粹渴望增强意志的动机就会被激活，而当这种动机发挥作用，意志的训练就会相应地失效。

我个人没有体验过这种训练的效果。但是在我看来，似乎如果忠实地长时间坚持，这样做应该能增强自主能力，应该能形成坚强的性格。但是，当然，这种行为本身不能拓展或优化性格。在一个非常权威的道德训练体制下，每一种情境都有一个规定，信徒自己没有选择、品味或是道德判断力，这种训练也许会找到合适的价值。

我不会反对任何人使用这种训练；但是我更愿意认为，对于那些想要实践道德运动的自由的人来说，更好的是选择几个领域，通过克服本性冲动来训练意志，这种操作如果有度的话是完全无害的。让他某一段时间——如果不是经常的话——拒绝给自己某些奢侈品，如过多的酒，泡热水澡，第二支雪茄，他最爱的佳肴，早晨被叫醒后仍旧在床上美妙地躺几分钟。吸烟者总有一些这样的自律方式。让他偶尔——一段或短或长的时间，不抽烟；或者，好一点的是，让他某一段时间减少其抽烟的量，规定一天多少烟斗，多少雪茄或香烟，在这段时间内严格遵守——这段时间可以是一天或一周或一个月，但不要有规律。

在孩子的教育中，在训练意志力方面有多种不同的观点和实践。好几代人以前，普遍的做法是训练男孩完成他没有任何兴趣的艰巨的任务。在桦树条的鞭打下或其他威胁和惩罚面前，他被强迫长时间投身于志趣不投的任务。接下来的一个时期的威胁和惩罚被奖赏所补充，或部分替代。奖励、荣誉、奖金和报纸扬名被用来激发在竞争中取得成功的渴望和刺激竞争来帮助对失败的恐惧。后来，出现了反对所有这些方法的剧变。大肆宣扬孩子必须只做他天生应该做的事情，只从事他们的天性激起其自发兴趣的事情。所有的惩罚，以及所有的奖励如引诱他学习，都必须废止。所有的工作都必须是玩。托尔斯泰和蒙台梭利就成为广受认可的先进教育家的倡导者。

但是新体制从来就没有占绝对优势。总是有很多老师，他们理解工作与玩乐之间的区别，认识到我们不能不给孩子布置繁重的任务，否则将给他造成巨大的损失。因为只有在完成艰巨任务的过程中孩子才能获得最有用的能力，获得把注意力集中到并不能引起其好奇心或喜爱的主题上的能力，而非仅仅为了这件事而做这件事的能力。这种注意力的集中是一种特殊的意志力训练；而这种训练会增强意志力，也就是说，强化性格。

但是现代对旧式方法的反对里面也有一定的道理。只是由于害怕惩罚而维持或刺激工作对性格的形成帮助甚微或没有帮助；充其量只能制造出一个奴隶的性格。而由于外在的奖励、由于抱负的渴望所促进的工作，能培养性格，但只能形成抱负占主导的不完全的性格。真正需要的是，孩子应该学会努力工作，因为他需要靠这么做来获得知识、智力和性格，尤其是那种让他能够把他的智力有效运用到任何问题上的性格或意志力。

还有一个动机也可以被适当地激励，以维持孩子的努力，即取悦他人或服务他人的渴望，这种协作能够促进孩子的性格往应有的方向发展。一个男孩如果知道其父母和老师对自己的进步极为感兴趣，看到他对学习越来越精通非常高兴，他也许会在这门学习上更加有动力；而如果，与此同时他知道自己的成功——比如赢取奖学金能够减轻他所爱的人的负担，他的勤奋学习就有了另一个值得称赞的动机。

第二部分
培养良好的性格

第六章　习惯与原则

在很多学识有限的作家笔下，人类仅仅是大量习惯的集合，而道德训练的主要目标也是唯一目标就是培养令人满意的习惯。这种错误的教义被现代著名的学校推行到了极致，教导学生习惯的形成只是感官印象的动作反应。

习惯应该是我们的奴仆，而非我们的主人；它们是优秀的奴仆却是邪恶的主人。如果一个人完全成了习惯的产物，那么不论他的习惯有多么好，他都是一个劣等生灵。不论我们所谓的"习惯"是指广义还是狭义，不变的真理在于我们必须控制和应用自己的习惯，而不能让自己向其屈服。

从这个词最狭义的角度来说，习惯是通过身体动作的熟练而形成的。对所有技能来说，动作习惯都起着重要作用。但如果这种技能仅仅是由一系列固定动作的重复组成的，不论这些动作多么复杂精美，它都只能算是一种低级技能。真正高级的技能包括大量动作习惯的应用，在各种不同情况下将它们进行调整和组合。台球高手就表现出了这种不断适应新情况的能力，还有那些羽毛球运动员、摔跤选手、水球运动员以及小提琴手。只有那些最低级的技能、那些不值一提的技能才是由相同动作的不断重复构成的。在工业领域，这种最低等的技能已越来越多地被自动机器所取代；而那些需要真正技能的任务则需要通过人工来完成。这个规律在生活之中也同样适用。

排在动作习惯或者说身体熟练运动所形成的习惯之后的是一种中等级别的习惯——道德家在勉励年轻人养成良好习惯时都会想到这类习惯，如勤劳、准时、早起、整洁有序、注意卫生、节俭、警醒等；要杜绝其他一些诸如说脏话、行为粗鲁、易烦躁、搬弄是非、懒惰等坏习惯。

这里我们必须要进行一下区分，虽然人们经常忽略这种区分，但它却是最重要的。具体来说，是在单纯的习惯和表达情绪的性格特点之间进行区分。道德家在使用习惯这个词时，总是以一种模糊而又不加选择的方式。若对"习惯"这个词进行大范围而不严谨地扩展，它可以涵盖所有的情绪；因为从广义角度不严格地来讲，所有情绪都是情感习惯。但重要的是，要避免混淆真正的习惯和这类由相同情绪所导致的行为一致性。那么，拒绝将"习惯"这个词延伸到情感领域，而把它限制为真正的习惯，我们必须意识到习惯的领域限制确实是非常严格的，习惯对于正确的生活方式所起的作用固然重要，但却不是排在首位的。

真正的习惯是主动养成的，或者说可以通过训练进行巩固；很多情况下，使人产生恐惧进而采取某些抵抗恐惧的行为可以强化真正的习惯。通过后者形成的习惯并不值得拥有，显然这些习惯的获得并不能补偿使用上述方式对孩子（或大人）所造成的伤害。比如男性进了房间就喜欢摘下帽子，这就是一个例子，这是个好习惯；但这个习惯应当是我们因为在乎所有礼貌的价值而主动养成的。还有离开或进入房间时轻声关门的习惯。对英国家庭来说，这是一个非常好的习惯；但是，和前面提到的一样，这种习惯应当是主动养成的。有大量真正的习惯是因我们重视其价值而形成的；这些习惯有助于我们节约精力，保持优雅的仪态，防止一时疏忽犯下错误。但这些充其量也只是次要的习惯。

更为重要的是我们将之与身体器官相联系的卫生习惯；尽管这里的主要问题是避免身体器官自然功能的误用，文明的存在有促使这类问题发生的趋势。关于某些这个类型的习惯，我在后面的章节里还会谈及。在这里提及的原因只是为了能让我们对生活之道的审视更加完整。

让我们回到所谓的守时、整洁、礼貌、勤奋、节俭，诸如此类的习惯。这类品质的一般应用并不能养成习惯。以礼貌为例，老师可以通过惩罚、恐吓或者奖励来引导一个学生养成见到老师要起立、脱帽、问候老师的习惯。但是养成这种习惯丝毫没有使这个孩子表现得彬彬有礼；相反，他似乎对这种训练存有抵抗，对他人表现出粗鲁，以"报复"他们。如果说恭谦有礼是永恒不变的最佳品质，那么它一定是发自内心的，是温柔感觉的一种表达。不论是经过他人还是自我训练的人，可以对特定情形形成一系列习惯性反应，如脱帽、双脚并拢立正、九十度鞠躬、说出特定的口号等，他们以最机械化的方式规律地应用自己的习惯，堪称最粗鲁的野蛮人。实际上，形成这样的习惯似乎使他变得更加粗鲁；因为他或许粗略地认为表现出这些习惯，他就履行了社会所要求的恭谦这种义务。在欧洲很多国家，我们都能从工作中看出这种影响。基本上真正礼貌的形成与这种现象的流行程度是成反比的。

那么所谓的守时和勤奋呢？如果我坚持主张守时和勤奋不能或几乎不能算作一种习惯，那我似乎有些公然对抗普遍观点和这个词一贯用法的意思。但是我不得不明确这个主张。一个真正的习惯是一段身体过程，一旦开始训练（不论是通过感觉印象还是意志行为），不存在任何进一步的精神影响，没有刻意的导向、施力或知觉，即会开始其自身的进程。通过这条标准，我们可以看出，一个人的勤奋所需要的身体习惯基础是极其有限的。与那些没有习惯努力工作的人相比，形成努力工作习惯的人所拥有的器官可以更快地对各种努力工作的要求做出回应。长期的努力工作过后，心脏、肺、肌肉、大脑、血管似乎都会习惯于这种努力；这个事实可以阐释所有的运动"训练"。但是习惯因素对于勤奋起到的作用还没有到达这个程度。一个人的行为可能为环境或压力所左右，迫于压力连续努力工作数月甚至数年的时间。但是，一旦环境需要和外界压力消失了，他就会立刻变得彻底懒惰起来。努力工作的身体习惯会持续相当长一段时间，消失过程非常缓慢，但从实质上来讲，尽管这种习惯能够促使人们工作，却丝毫没能使他的思想也向此靠拢。

从"守时"这个词的各个层面来看，它显然更加缺少习惯的特质。我们可以设想一位老师训练学生对铃声立即做出反应。毫无疑问，成千上万的老师都坚持认为，通过这种训练，他们正在创造"守时的习惯"。与此相似，一个人可能会有意要求自己每天在时钟敲响一声的时候吃午饭，或者给表上发条。在以上两种情形下，都会形成一种习惯，即以一类特殊行为对某种感官印象做出反应。但是这种习惯纯粹是特定的；习惯了每当时钟敲响一声时吃午饭的人会非常极端，而且在晚餐或者其他一切事务中他会"习惯性"地表现出不守时。

不过有些人几乎永远守时，而有些却几乎从来不。如果二者的区别不在于前者具有守时的习惯而后者没有，那么又是什么呢？难道两种人都有一种天生的特性吗？如果说是的话，也只是很小一部分原因。有些人天性比别人更加守时；对这个问题我们只能说这些。总的来说，守时还是后天形成的。那么如果它不是一种习惯的话，又是什么呢？答案就是，它是一种原则。

行为的原则

那么，原则是什么呢？在一些道德家口中，原则似乎被当作一切良好行为的源头和基础。是的，据我所知，还没有一个心理学家曾在作品中尝试解释原则的内涵。事实也许是心理学家忽略对行为和品格问题作重要的说明。

有些作者似乎喜欢以是否非常有原则来评判一个人的品格，并以原则的灌输程度来评判道德训练。很多道德教育的徒劳和失败即是出于这种错误的臆断。三个方面的因素清楚地表明这是一个错误。第一，尽管人们通常将"没有原则"这个表达视作一种责备或批评，但当听到我们自己被评价为高度有原则或者有着优秀原则的人时，我们并不会感到极其满足。相反，对于那些自称高度有原则甚至到了崇高境界的人，以及那些在此方面略有功劳的人，我们容易表现得非常冷淡，甚至有些厌烦。

第二，我们应该都认识一些人，能让我们自信地认为他们是品格良好的人，在最艰难的情况下可以信任的人，尚无原则的人；或许还有生活方式简单，甚至没什么文化的人，从未考虑过行为问题的人，以及即使想要做到也很难信守一条原则的人。

第三，我们会发现有的人嘴上宣称自己高度有原则，然而却不时表现出极其卑劣的行径。可以说这样的人虽然声称非常有原则，但其实并不具备真正的原则。那么，如果说有原则不是指用信念来规范自己的力量，什么才是有原则呢？有些坏人也可以甚至已经通过信念形成了高度的原则。这个问题答案的关键在于，原则是放在脑子里的，而感觉是放在心里的。一条原则是确认某一行为是对是错的一般概括，而形成原则即是认为该概括是正确的。

那么，形成一条原则的过程就像引导我们相信欧几里得定理的过程一样，纯粹是知识层面的。伤害别人是错误的，与人为善、促进他人的福利是正确的，这就正如在几何学中，我们都是从某些定理和假定开始学起。在实际生活中，引导我们接受某些原则的过程应该称为劝说，在这个过程中，原因和不合理建议错综复杂地交织在一起，而且通常都是后者占主导地位。从我们现在的观点来看，一个重要的事实在于，具有或者相信一条原则从本质上来讲并不等于遵照该原则行动的趋势。这样说来，原则并不属于品格：原则是头脑中的知识储备，就像几何学方面的知识和"信仰"一样。我毫不犹豫地相信一个三角形的两条边之和永远长于第三边，或者两点之间直线距离最短；但是拥有这种信仰并不意味着我需要永远走直线。我可以选择坐着不动，或者兴致勃勃地蜿蜒前进，看到吸引我眼球的东西也可以锯齿形地到这边，到那边。在道德范畴也是如此。就好像我的几何和地理知识促使我从一地到另一地时选择走直线或者最短的路线，但是并没有为我这种行为提供动机；所以，在道德范畴，具有道德原则只是为走直路提供帮助，但并不会为此提供动力。知识是美德这一主张是极其错误的；我们必须坦白这是一个错误的唯智主义行为理论：因为它已经广泛传播了两千年的时间，造成了很多伤害；来自伟人的建议给许多年轻人的思想造成了影响。

原则的缺陷在于没有动力。若是我们有意愿做正确的事，原则可以为正确的行为提供有力的指导。不过，如果我们只是想做到看起来没什么错，只是希望得到称赞和不是真正对得起那些溢美之词，原则也同样可以提供有力的指导。也就是说，原则对于君子和伪君子来说同样有用，甚至还会诱惑人们走向虚伪。满口原则但品格恶劣或者懦弱的人，几乎毫无例外都是伪君子；因为他会为了迎合大众观念而自称充满原则，但其实他并不想要，也没用足够强烈的意愿去实施。对这样的人来说，宣称自己有原则只会让他的缺点变得更多，更加虚伪，对他人来说更加危险，令人鄙视。也许，这就是为什么我们总是对那些高度坚持原则的人有些侧目。把自己写成是"一个热爱同胞的人"，与"他是一个极其有原则的人"比起来，谁不会选择前一句来做墓志铭呢？

一条原则就是一个指向标。路标上面说："如果你想去罗马，就走这条路。"但是，如果你想要在树荫下活动活动，看看美丽的花，或者你根本不在乎去到哪里，那么通向罗马的指向标对你来说就毫无影响。不过我并无意贬低原则的价值；我只是更希望能明确它的地位和作用。在乱作一团的道德问题上，我们这些现代人必须要慎择道路。其中原则可以作为有效的指向标，因为它们汇集了时代积淀下来的经验和智慧。不加选择地施舍是错误的，这条原则包含了大多数人的想法，吸收了很多人的经验，他们耗费了大量时间和精力去研究施舍的影响；没有哪一个人能不依靠帮助独自建立这条原则。

我前面提到过，原则就是指向标；但也许更准确的说法应该是，原则的真正功能并非是为我们指明应走的路，而是提醒我们不要走错路。一个人的品格特征决定了他会走哪条路；但原则会提醒他哪些行径将会影响他实现真正的目标。大多心软的女性都需要谨记一条原则：公正比友善更重要，或者说：如果对一个人的善举会造成对另一个人的不公，那么这种善举也是错误的。

现在我们来解释一下习惯、原则和品格在人的行为中各扮演什么角色。以恭谦为例，我们已经探讨了习惯如何造就表面看起来彬彬有礼的类机械运动，并有限地了解到这类习惯是如何在不违反恭谦的意图之下更容易地表达恭谦的。永远不要做无礼之人，姑且假定这条原则已为人们广泛接受，是因为如果我们遵循这条原则，我们将会在这个世界上生活得更好、更顺利。坚持这一原则可能会发展为出于习惯而产生的表面上的礼貌行为。但是，仅凭这一原则和这些习惯，人们不可能做到真正的恭谦有礼。从另一方面来说，一个温柔细致、善解人意的人将会在许多情况下表现出真正的礼貌；但是，如果他没有形成礼让的习惯，可能会常常感觉不得要领，不知道如何才能表现得恭谦有礼；如果原则上他不坚持行为应礼让，也不反对粗鲁无礼，那么有的时候他可能会毫无必要地选择一种无礼的行为模式，而如果他有自己的原则就可以避免这样的情况。如果除了拥有一颗善良的心，他还认为恭谦礼让是一种行为品质，是他所欣赏和珍视的东西，他这种"对礼貌的感情"将会加强善良的冲动，使之变得更加规范；在一切冲动引发的冲突中（比如一种温柔的冲动和正常的气愤行为之间的冲突；比如有人在人群中踩到了自己的脚趾头，或者一个孩子吵闹的喊叫声影响了自己的工作之时），这种"感情"会帮助温柔的冲动战胜它的对手。如果除了这些对礼貌的感情以外，他还非常有个性，将礼貌视作自己的一种理想，经常下定决心要信守这个理想，他更能够避免出于愤怒而使用的粗鲁言语和手势，他的行为就能始终体现出真正的礼貌。

也许现在我们应当回到守时的问题。通过（强制或者自愿）训练，一个人可能形成很多守时的习惯，比如在钟声响起的时候带上帽子离开办公室去吃午饭，再比如听到晚餐铃时立刻做出反应。这些具体的习惯很可能导致他在其他情况下完全无法做到守时。进一步来说，守时的原则可能已经深入他心，他认为这条原则将使自己事业有成，所以他觉得这样的原则值得遵守；如果他是一个心怀抱负的人，他的雄心会在一切工作关系中形成一种动力，促使自己坚持守时的原则。但是由于在工作期间长时间坚持守时，在一切其他关系中，在自己家里，在度假或者看戏时，他可能丝毫做不到守时，甚至可能更加不守时；在家里他会捍卫自己的自由，做任何想做的事。再进一步，既已接受这样的原则（可能还没有明确体现），他会形成一种对不守时行为的厌恶之情；在某些极端的情况下，他可能真的说出"我讨厌不守时"这样的话。他会经常因为他人的不守时而感到恼火，包括他的家人和同事；有时候他可能要因为自己的不守时而承担严重后果；可能他的父亲也有这样一种强烈的情绪，在他小时候就曾见识过父亲因为别人的不守时而大为光火；可能他对礼貌也有一种强烈的喜好之情，认为守时也是一种礼貌，这令其他人感到担忧。这样的思维会使这个人在一切关系和情况下竭力做到准时。如果这个人的性格幼稚且懦弱的话，他有可能会常常遭遇失败，令自己更为恼火。但是，如果他意志非常坚定，已经将守时视作一种理想的品质，并且一直在实践中锻炼自己拥有了这种品质，那么他将会成为一个守时的典范，人人称赞，却罕有效仿。因为无论如何，守时只是一种次要的品质，太过关注则会导致过犹不及的效果。

原则和习惯一样，与情绪不同，它本身无法形成动力。从另一个角度来说，它的层次要低于情绪。原则死板而生硬，但情绪转化为行动时有相当的可塑性。相信"说实话是正确的"这一原则的人，可以将这一原则应用到一切实话和假话中，死板地通过自己的原则不加选择地评判自己以及他人的行为；当然在压力之下，他也会违背自己的原则并适时地原谅自己。而认为坦诚是一种美德，不喜欢虚假的人也会做到诚实，但没有那么死板，他能够区分开哪些仅仅是表面上的诚实，哪些是真正的坦率和真诚。前一种人保留了诚实的形式但丧失了其本质，而后一种人并不在乎诚实的形式，而是注重这种精神。

如此说来，原则就像习惯一样，益处有限，我们不应视之为自己的主人，而是要将之视作仆人。在教育儿童时，我们应将主要精力放在避免儿童形成不良习惯上，通过传播共鸣培养孩子拥有理想的情绪，首先是对人和事物具体的好恶，继而是对道德品质的抽象情感。对于原则的传授则可以稍待时日，这种传授并非一个单纯的建议，而是一个纠正偏差使之更加合理的过程；在这个过程中年轻人会认真考虑一些行为品质和性格特点，按照它们的价值和相关的价值领域进行分析整理，以备自用。

第七章　品味与兴趣

我们说起一个人时，总会谈论他有没有好的鉴赏力；会谈论他的品味高雅还是低俗，高尚还是下流，阳春白雪还是下里巴人；一般大家都认为教育的主要作用就是鉴赏力和品味的锻造和提升。但是给品味下一个定义并准确清楚地解释这个表达所代表的含义是相当困难的。什么是爱好？什么是品味？人们是怎样提升品味的？爱好和品味又与人们的品格有什么关系呢？

"品味"这个词的本义最初是用来形容舌头和嘴巴的品尝功能。共有四种基本的味觉，分别是酸、甜、苦和辣。还有很多种气味，和这些味道混合起来会让它们变得更加美味可口，抑或是更加令人作呕。"品味"这个词更广泛的含义也是类似地从味觉和它对食欲的影响这个领域延伸出来的；我们可以把这个事实当作一种提示，以便了解"品味"这个词合适的用法以及促进品味的方式。

我们通常所说的爱好是针对文学、艺术、社会、谈吐、运动、冒险、哲学探讨等方面而言的，我们所说的厌恶也是针对这些类似的活动。从这个词的另外一个层面来讲，我们会说一个人总的来说品味好还是差，或者说他的某一行为表现出很好或很差的品味。有些哲学家们所体现的一切正确行为代表他们懂得品味优秀和高雅，以此来消除道德和审美之间的差异，比较突出的有伊壁鸠鲁，还有现代的沙夫茨伯里勋爵。因为品味本身就是一种审美，是一种对美好事物的欣赏，对丑陋事物的厌恶。从另一方面来说，也许有人会说审美欣赏纯粹是一种思考，是对感官印象的一种被动接受，所以说完全不能算作一种行为。但是这种说法是由于对审美的误解而形成的一个严重错误。审美领域从根本来说是一个关于感知能力的领域，而且没有哪一种接受是单纯的被动思考。接受永远是一种自主活动，接受带来愉快还是痛苦是遵循感觉的总体规律的，具体来说，成功的接受带来愉快，若这个过程进行得不顺利则导致不愉快的感受。审美的基本规律片面地肯定了混淆审美和道德的合理性，这正是沙夫茨伯里所提倡的；同时这一规律还将品味引入了行为的范畴，使品味成了人类品格的一部分。

有些人毫无疑问有着非常好的品格并且个性强硬，但他们却很少表现出良好的品味，甚至有时候还会显现出自己品味低下，这些实例清楚地表明良好的品格、善良的美德并不意味着优秀的品味。还有比当众往脸上鼻子上扑粉更可怕的爱好吗？但如今有很多优秀的女性，甚至是个性强硬的女性却经常显现出这种低下的品味。从另一个方面来说，有些男性苛刻挑剔，很有品味，但他们不是品格不好就是没个性，更有甚者两者皆有。不论如何，拥有优秀的鉴赏力和高雅的品味对正确的行为有着很大的帮助，并且这些素质都应归为良好品格的一部分。由于鉴赏力和品味主要是习得的，尽管它们和别的素质一样都是品格的一部分，却在天生的功能中有着一定基础。

品味的形成是一系列愉快和不愉快经历所带来的结果。如果我们发现多次参与某一种活动结果都很愉快，我们就形成了对这一活动的爱好；如果某一件事总是令我们感到反感，我们会不可避免地形成对它的一种厌恶；有时候仅仅一次经历就足够让我们形成永久的爱好或厌恶了。从这些基本的事实中，我们可以立刻推论出一种相当有实践意义的认知。试图通过施加压力强制参与以促进对某种行为活动的喜好程度（不论是对我们自己还是对我们的孩子）是愚蠢的，也是毫无价值的。但是通过这种方式强制形成一种厌恶却是很有可能的。举一个非常简单的例子，当一个小孩不论何种原因不愿意吃某种食物或者饮料时，强迫他吃光，你会轻松地使这个小孩形成对这种食物的厌恶。如果你希望他能喜爱某种他本没有兴趣甚至轻微有些反感的食物，比如说番茄，那么你可以挑一个他很饿的时候，把番茄和一些他已经形成喜好的食物搅在一起，比如拌成沙拉。

沙拉原则在很广泛的范围内都适用；不仅仅是在食物和饮料的问题上，而是适用于整个审美和道德范畴。如果你希望自己的孩子形成对音乐和文学的爱好，就把这些内容拌进沙拉里。不要遵照学校老师的做法，不要强迫你的孩子根据那些博学的评论员所发表的评论研习冗长的《失乐园》；不要让他为了得到奖励或者免于惩罚像完成任务那样阅读任何文学作品。把这些文学作品融进充满欢笑的家庭聚会中；一次不要给他太多，不要超过他能享用并消化掉的数量。让孩子去获取他能够并想要获取的东西，允许他丢开剩余的。如果在你朗读华兹华斯的《不朽颂》时，你的儿子睡着了，不要沉下脸来斥责他，也不要大肆奚落他。或许他的闪光点体现在其他方面。

形成爱好的两条基本规律是：第一，只有那些参与其中时能够朝着目标不断进步，并且起码能取得一点成就的活动，我们才会喜爱；第二，只有那些我们所喜欢的活动才能让我们形成爱好。这样一来，我们的爱好主要是与自身的能力相适应的；不论是身体活动还是思想活动，不论是高尔夫还是台球，板球还是游泳，数学还是作诗，扑克还是填字游戏，逮小鸟还是猎大物，只要是我们能够做好的事情，我们就会形成一种爱好。

那些表面看来并非主动，而纯粹是精神上、思想上、审美层面上的爱好似乎很难与我们的原则相符，例如，对听音乐或者诗歌的欣赏，对图画的欣赏，对如画的风景所带来的沉思的欣赏，对美好事物和大自然壮丽景观的欣赏。但这些都是活动。我们越是能抓住音乐的框架，越是理解每一部分和其他部分以及和整体之间的联系；越是能完整地体会作者、画家或雕塑家想要表达的含义和意图，就越能获得丰富的享受。艺术家的杰出包含在展示其自身才华使善于思考的头脑最迅速地理解其中微妙联系的价值这个过程中。

形成品味的原则最重要的特点，不论是对于内心活动还是外在活动，都可以通过几何学或者欧几里得的例子来说明。在学习这些内容时，学生会遇到两类问题：第一类问题需要学生自己寻找答案；另一类只需要理解已有的推论即可。毫无疑问这是两种不同的活动。第一类是一种更高级、更需要创造力的活动；不过对任何一种活动形式的成功实践都可以令人产生满足感，形成一种爱好。

在我对品味的阐述中包含着审美学上一套完整的理论，在此我无法完整地阐释或证明，因为我们要谈的只是爱好的形成以及对行为的影响。但是我有必要提及一些有关爱好和情绪之间联系的内容。普遍观点在某种程度上混淆了二者，没有意识到它们的区别。没有人会把一个人对他的老婆、孩子或者国家的爱称为一种爱好；同样也没有人会把对纸牌或爵士乐的爱好称为一种情绪。难于分清喜好和情绪之间区别的原因在于，对某些事物我们可能既有爱好又有情绪。数学、哲学或者音乐都可以作为例子。一个人可能在哲学思考方面很有兴趣，同时对哲学很有感情；或者很喜欢研究数学问题，同时对整个数学领域怀有一种景仰或尊崇之情；还可能喜欢作曲或听音乐，同时对音乐这种美好的艺术有着深切的爱。在这些例子中，品味通常都比情绪更重要一些，即使没有情绪，喜好依然很浓厚。从另一个角度来说，对这些美好的事物，一个人在并不爱好的情况下也可以发展一种感情；尽管这种感情可能很淡，而且大都难以长存。再深入思考一下音乐的例子。一个对音乐很有鉴赏力的人会倾向于对某一类型的音乐有所偏爱，在音乐领域会有他独特的爱好；而对于其他类型的音乐，他会表现得毫无兴趣。但一个真正热爱音乐的人，将音乐作为一种美好的艺术、一种珍贵高尚的事物，对其深怀感情的人，会愿意尽己所能推广这项艺术，保护它不受滥用不会堕落，当他发现有人将音乐以卑贱的形式用作低级目的时，他会义愤填膺。

在此我无法装模作样地深入探讨感情和情绪在艺术中所占比重这个极具争议的问题。很明显，有些艺术形式的感染力纯粹是精神层面的，正式而严肃，但是无论是听到还是看到，观众都会燃起急切的愿望想要领会这些艺术所展示的内容；一些其他形式的艺术感染的是人的情感，不仅仅是针对泛泛的情感，假定也可以带来某些情绪，包括宗教情绪、爱国情操、个人情绪或者道德情绪等。主要是第二种艺术对品格有所影响。没有人怀疑像贝多芬钢琴曲这类音乐会对品格产生深刻的影响，而爵士乐可能就不会有如此作用；这是因为后者只能跟一些琐碎的态度产生共鸣，高声叫喊着："世界有什么美好的！哪里有？什么都没有！"

当然，像其他主动付出努力的工作一样，对任何一种音乐的认真学习都能够促进品格的发展，即通过自愿的实践来强化品格。但是我们必须要区分开，一类是通过向着某一目标的坚定努力单纯地强化意愿或者品格，另一类是通过发展对某事的感情产生能够塑造并充实品格的影响。在上一章结尾部分提到过的实践类型（这种实践在罗马教堂内得到了广泛推荐和应用）就是属于第一类。

兴趣

不论在哪里，我们都会听到，兴趣对于成功的生活是至关重要的。比如说莱基就曾写道："快乐最重要的规律就是，我们应当出于兴趣去寻找快乐，而不是为了高兴而高兴。"

那么，什么是兴趣？和很多其他术语一样，很多道德家在使用"兴趣"这个词时往往指意非常模糊。读者读到前面莱基的话，可能不仅要问，什么是兴趣？还会问：什么是"令人高兴的事"？以及：我们如何区分兴趣和令人高兴的事？当然还有：懂得品味和"令人高兴的事"以及和兴趣之间是什么关系？ 如果我前面所写的有关品味的内容没错的话，那么人们爱好的事物和"令人高兴的事物"基本可以等同。如果我们必须要对二者加以区分的话，那么只能是将那些更被动一点的令人愉快的活动称为"令人高兴的事"，比如说享受饮食，享受音乐，享受纯粹的审美思考和欣赏，而将那些比较自主的享受称为人们懂得品味的事物，比如作诗、作曲、画画、参与运动和游戏等。

也许莱基在将"高兴"和兴趣对立起来时，令人高兴的事物涵盖了我们所谓的爱好。那么爱好和兴趣之间的区分是否继续成立呢？答案取决于如何理解"一种兴趣"的本质。从广义的角度来说，一切能够吸引所有人，可以调动起积极性，与我们的基本趋向相符的事物都能让我们产生兴趣。一切能使我们心生惧怕、气愤、好奇、欲望或者其他本能趋向的事物都能够在一瞬间抓住我们的注意力，在这一瞬间我们会对其产生兴趣。但是"一种兴趣"这个表达隐含的内容还不止于此，它还包括对某一类对象长期留意并感兴趣的一种持久责任。这种持久的兴趣是情绪的一种功能。对一切令自己反感或强烈厌恶的事物，以及喜爱、尊敬、欣赏和尊崇的事物，我们都有兴趣。我们对很多事物都有情绪，但并不能说我们在这些事物中都找到了"一种兴趣"。一个人可能对上帝或教堂充满敬意，但如果他不积极地参与宗教活动，就很难说宗教是他的"兴趣"之一。他可能很爱国，但是并不涉足公共生活，无法为服务国家做出任何直接努力。他可能很爱自己的孩子，但是由于全身心地投入在职业活动中，他只能把照顾孩子的任务完全托付给孩子的母亲或者他人。另一方面，一个人可能懂得品味某些事物，但却无法称为有"兴趣"。他可能对好酒、台球、音乐、宗教仪式、乡村景色都有所欣赏，但是不论他是否积极释放自己的欣赏之情，任何一种活动都只能作为他懂得品味的事物。

我认为，我们可以大致规定"一种兴趣"是指我们懂得品味并有感情维系的一类活动。思考一下刚才所提到的我们懂得品味的事物。梅瑞狄斯笔下的米德尔顿对好酒不仅懂得品味，同时深有感情，所以好酒是他的主要兴趣之一。欣赏台球的人可能有志成为台球大师，那么这就成了"一种兴趣"。我们已经探讨过对音乐的喜爱之情是如何促进对其的欣赏的，这种对艺术的品味和热爱的结合就构成了对它的一种兴趣。对仪式的品味和对宗教的情感构成了对宗教仪式的兴趣。对乡村景色的品味与对某一处乡下景观的喜爱之情相结合，构成了对这个地方、对栽培和保护这里的美丽怡人的兴趣。如果一个小男孩爱好收集蝴蝶和甲虫标本，继而引导他对动物生命中一切美好奇妙的事情或者科学知识产生感情，那么他有可能形成一生的兴趣。

下面要谈的内容是关于基础兴趣和从属兴趣或者说衍生兴趣之间的区别。毫无疑问，基础兴趣也就是通过同时形成的品位和感情来维系的兴趣，是最长久也是最能带来满足感的。而我们的很多兴趣都不是通过活动直接获得的，而是从对事物的感情衍生而来的。很多人做生意或者从事某个职业，只是为了通过进入这个行业能够达到某种目的，比如结婚，或者在社会上享有一席之地，他并不懂得品味。起初他的情感维系着这种活动；倘若他取得了成功，获得了能力，看到了成效，他会开始欣赏这种工作，这就是衍生兴趣或者说从属兴趣。如果他依然对自己的工作丝毫没有欣赏，他可能会为了自己的志向或者家庭情感继续从事这项工作。如果他的情感消退了，衍生兴趣就会消失，即使他已经对这项工作有了一定的品味。一个有抱负的人如果没有了雄心壮志，便会放弃努力。那些利用对妻子和家庭的感情来督促自己坚持从事某一工作的人，如果在感情变得冷淡之后继续从事这项工作，那么促使他坚持的就仅仅是自己的责任感，完全凭借意愿的力量；尽管意志坚强的人可能会坚持从事一项枯燥乏味令人疲倦的工作，但是我们对自己不感兴趣的事不会投入太多精力也不会有很好的效果，这种工作不会令人满意，也很难坚持下去。

情感与相应的品位相结合形成兴趣，从这个角度来说，情感可以促进为实现一个总体目标而进行的高效活动。也许是因为有些情感从未激发我们去进行这样的活动，因为我们从未找到任何有效的方式来实现我们情感的目标，所以我们倾向于对单纯的情感不屑一顾。如果一个人只知道爱和恨，却不去寻找有效的方式来为他所爱的做些什么，也不去想办法驱除或者征服他所痛恨的，生活毫无乐趣和激情，也不懂得品味那些有助于实现他情感上目标的活动，这样的人无疑是一个十足的可怜虫。我们可以把一个充满蔑视的表达用在他身上——"多愁善感"。

多愁善感可能是道德情感领域最大的不幸。一个人十分景仰正直诚实的品质，可是由于害怕后果，害羞，由于推诿搪塞所带来的一时利益，他不允许自己将正直和诚实付诸实践。这个人对这些词汇的内容了解得很清楚，实践起来却很差。最大的问题在于他的道德情感与他的理想没有融为一体，没有受到自尊情操的主导，也就没有成为他品格的有机组成部分。但是严格来说，多愁善感的人是结合了这种对自主兴趣的缺乏以及更进一步的怪癖。彻底的多愁善感者不仅有着在行动上找不到合适表达方式的情感，同时还会将这种情感作为自己珍视的东西加以培养。比如说，如果一个人热爱自己的国家，他会为自己的爱国主义情操而感到自豪，会竭力表现，谈论甚至是吹嘘自己的爱国。在比较极端的情况下，他会非常珍视自己的感情，而不重视这种感情所要达到的目标；他对自己的国家的爱，对孩子、对艺术的爱都比不上他对自己感情的爱；他已经对自己的感情形成了一种感情。当然，这是一种性格缺陷，是那些过于深思熟虑，过于自我反省，难于采取行动，自我文化成了一种排他的兴趣，过于在乎拯救自己灵魂且毫不明智的人所固有的缺陷。让自己保持正确比做正确的事更重要，这种想法是最大的危险。

对大自然的爱

我不得不提到另外一种品格要素，通常我们称之为"对大自然的爱"，也许这是一个合适的名称。尽管我经常思考这个问题，但我必须承认，它的本质和根源对我来说都非常模糊；不过我从不怀疑这种要素在很多人的生活中都起着重要的作用。令我困扰的是，似乎它既不能归为一种品味，也不能算作一种兴趣。它不符合我们对品味的定义，因为这种品格要素并不是通过对某种特定能力的实践而形成的。尽管对某些地方或者省市自然风光的喜爱之情可以丰富并深化对大自然的热爱，但它也不能算作一种自主获得的情绪；因为它的形式简单，没有特定目标，并且有些人在第一次接触到大自然的某些方面时就强烈地表现出了这种热爱。甚至想要找到合适的词汇来形容这种品格要素都是非常困难的；也许对这种要素最好的定义就是它是让我们能够在与大自然接触时感到欣喜的要素，或者用那些积极倡导这一要素的人的话来说，它可以给我们"壮丽的视野""天上的光芒，梦一般的美好和新鲜""充满幻想的光亮"，甚至是这些诗句里的一切：

……那些最初的爱，

那些模糊的记忆，

它们本来的样子，

就是我们生活中光芒的源泉。

是我们思想中的警示灯，

支持我们，让我们拥有力量。

使那些喧闹的岁月

在永恒的宁静中变为一瞬，

苏醒的真理，将永不消亡。

不论是消沉倦怠，还是疯狂地尝试，

不论是青年还是老人，

一切与快乐相对立的事物

都不可能将之摧毁灭亡！

他还把这种品格要素称为"寂寞赐予我们心灵的眼睛"。科尔里奇是这样描写它的：

所有的颜色都是这种光芒的晕染，

所有的音乐都是这种声音的回声。

可以这么说，它是所有伟大诗人都想要用语言来表达却始终没有一个完美表述的东西。即使是诗人们也仅仅是在暗示和描述这种难于捉摸的思想活动时取得了非常有限的成就，很明显，要想在散文中表达清楚就更加不可能了。

若是轻易地提出一种"审美意识"或一种"对美丽的意识"，我们只会让这些要素变得更加模糊；因为，尽管几千年来哲学家们都在使用这些术语，却从没有人能够解释清楚"意识"这个词；如果这样来使用这个词，它就会成为我们用来欺骗自己、掩盖自己彻底无知的无数词汇之一。这种功能或者说能力与艺术之间的关系始终是一切审美理论中最模糊最困难的问题。

　　很明显，我试图描述的能力或感情似乎都是与生俱来的天赋，每个人所具备的程度有很大差异，而且有一些是全人类都缺失的东西；尽管在这种情况下它们也许只是比较微弱或者尚未开发。

　　在人类品格的所有要素中，这一种似乎给我最强烈的感觉，它包含着遗传记忆。如果生物学家不指责我们相信遗传记忆的话，我们也许能构建一个模糊的理论框架，也就是华兹华斯所谓的"光芒蔓延的云朵"。

　　由于没有任何理论，也没有对这种能力清楚的解释，我们所能做的就是关注它在我们生活中的作用，注意哪些情形有助于它的实践和发展。可能很多优秀的人并不了解我所探讨的话题，就像盲人和色盲患者看不到颜色一样。但是我相信其他人都应该同意，这种功能的实践不仅仅能带来愉快，虽然痛苦常常伴随着愉快而来，除此之外，它还能给我们的生活带来重要的影响；大多数人都应该同意这是一种深远的影响，由于它有"使那些喧闹的岁月在永恒的宁静中变为一瞬的力量"，就能够帮助我们从更广阔的角度来审视自我，审视我们的志向、我们的理想、我们的希望和失望，帮助我们抵制其他机会的频频干扰，坚持自己选择的道路。

　　毫无疑问，尽管这种能力在与自然接触伊始就出现在我们的生命中（就像很多穷人家的孩子最初发现自己身处森林或草地），这种能力也可以通过实践来增强。由于这种能力是少数完全无害的习惯放任之一（或许是唯一一种），不需从他人身上获利，而且能通过产生共鸣来增加其他人相似的快乐，我们应该尽情放纵自己去使用并为我们的孩子提供这种能力的发展机会。

华兹华斯认为这种能力完全是与生俱来的天赋，所以会不可避免地随着时间而退化，我认为这种观点是错误的。快乐的程度和纯粹度可能会随着时间而淡化；但是对我来说，这种能力的强弱和范围却会随着人们对大自然之美的崇拜而增加，尤其体现在华兹华斯这样的人身上，他们的感知能力会变得更微妙，感知范围会变得更广泛。

不论这种能力在其他方面有什么价值，它能够在没什么共同点的人之间产生强烈的共鸣，这种作用是不容置疑的；拥有这种能力的人能够强烈地感受到它的存在，而缺少这种能力的人则会明显感到它的缺失。当某种能够深刻打动一方的东西出现时，这种能力的固定性，再加上彼此之间的奚落会在某种程度上疏远两个人，即使他们之间有很深的感情。

也许这就是英美普遍流行的教育传统最大的缺陷，他们倾向于破坏而非培养我们探讨的这种能力。根据严格制订的计划，无止境地追着球跑也许能使孩子们不惹麻烦；但是这会导致一种境地——使他们的"工作"仅剩高尔夫和桥牌。

这世界让我们疲倦，无时无刻，

得到又耗尽，我们挥霍着自己的力量；

大自然中没有什么是真正属于我们自己的；

我们已经丢失了自己的心灵，多么可怕的事实！

大海向月亮袒露心怀；

风声怒吼着永不停息，

如今紧紧相拥着，就像熟睡的花朵；

我们却与这一切格格不入；

一切都无法打动我们。万能的上帝！我宁愿，

沉醉于古旧的教义，做一名异教徒；

那样，我就可以站立在这片动人的草地上，

眼前的风光或许可以让我不那么孤独而凄凉；

我会看到海神从海上升起；

听到特里同吹起他苍老的螺号。

很多人都会赞同并支持建立一个系统，让我们的孩子可以在其中学会充实他们的闲暇时间，在需要的时候，可以尽可能快地从一个地方转移到另一个；即使这个地方是山顶，是达里安之巅，或者是被遗弃的仙境。

由于没有更好的名字，我们模糊地称之为对大自然的爱。当我们对某些地方，比如自己的家乡，或那里的某一部分、某些特点所形成的感情能够丰富和促进对大自然的爱时，它的功能此时可以得到最充分的发挥并且最能使人受益；最好我们怀有感情的这个地方是自己度过童年时所居住的地方或者是自己的父母家。能够拥有这样背景的青年人，在踏上生命旅程时是多么幸运。在现代社会，这样的有利条件已经越来越罕见了。我们能否找到代替品呢？这种影响几乎彻底缺失或许是美国生活中最严重的缺陷，而其他能够支持这种影响的理由又大多是肤浅、浮躁、难以令人满意的。

第八章　升华与补偿

我们已经了解，品格从本质上来说是由一系列情感经过生活实践发展而成的；这些情感是指对其对象的喜好厌恶，持久热爱，尊重崇拜，轻蔑鄙视，深恶痛绝等。每一种情感都体现着一种或多种基本的内心驱动，为行动提供动力，并且能够激发有关其对象的多种情绪的形成。

一个人所拥有的许多情感并不能算作品格，除非这些情感合并在一起形成一个由某一种情感主导的系统。最适合于充当主导地位的情感莫过于自我关注。当自我关注以不够完美的形式比如野心勃勃或者骄傲自豪表现出来时，它可以为品格增添一些活力，使之表现得更持久一些。只有当自我关注受到某些理想品格的限制时，它才能形成一种真正令人赞赏、极具道德的品格。

升华

某些品格形成的特点我到目前为止尚未提及，但值得我们进行粗略的探讨。升华是品格形成的过程同时也是结果，对此尽管此前的作家也有所认识，不过是弗洛伊德和他的学生们一直坚持的。我们对升华的了解程度有限，无法有效地控制和引导这个过程。不过毫无疑问这对品格的形成是至关重要的。

从广义来说，升华的本质就是我们在消耗内心驱动所具备的能量时所依据的道德水平的提升。举个例子，一个有着很强的内心驱动的人若是在原始天然的环境下长大，他在消耗内心驱动能量时所依据的道德水平可能比高等动物高不了多少。他会打猎争斗、寻欢作乐、探索发现、筑屋储存、引领后代、保家护园，这些活动需要消耗很多能量，但都是以原始粗俗的方式，若要改变这种方式，只有依靠在这些活动中所形成的技巧和能力。对这些事情他都充满激情，毫无限制，这会导致严重的后果，就像一位旅者曾描述的那个经典的例子一样，旅者的名字我不记得了，他是一位温柔的父亲，但有一次在狂躁暴怒中抓起孩子的脚踝，将孩子的头撞向石头，酿成惨剧，事后他悲痛万分，忍受着痛苦去处理尸体。同样是上面提到的那个人，若是在发达社会中长大，受到良好的人文影响，可能会成为一个伟大的人，一个优秀的法官，一个有道德的领导，一个改革倡导者，一个像惠灵顿那样的士兵，一个林肯那样的发言人，一个南森（能亲身认识这样一个人是我莫大的荣幸。他成长在简陋的环境中，有一个明智的父亲，但受到过残酷的多神论宗教的影响，后来他成了一位发言人，一位高度自律、深谋远虑、仁爱慈善的人类领袖）。那样的探索家和科学家。这样的发展过程需要大量的升华；对野蛮人的恐惧转变成了对真正信仰宗教的人的尊敬；野蛮暴力被自律但充满力量的道德愤慨所取代；不再放纵自己的性驱动与任何引起他兴趣的女人寻欢作乐，取而代之的是一个始终如一的爱人，或者是像但丁那样，将自己全部的激情能量都投入到伟大艺术作品的创作中，因为："若美丽已将血液燃尽，爱如何歌颂思想！"德莱顿的诗句准确地阐释了升华的原则，这种表现形式是我们所见到过它的很多形式中最令人惊讶的，我们对这种形式最大的担忧是一个现实问题。

未经过品格发展所影响的原始状态下的性驱动会激发一种身体结合的冲动和欲望，完全是自私、冷酷和残忍的，置他人的痛苦于不顾，以最粗鲁最原始的方式达到自我满足。可以想象一下古代将战败军队中的女人送入胜者军营的做法。大多数情况下，性结合都是原始欲望作用的结果，丝毫没有补偿式的温柔抚摸，也毫无诗意，没有尊重。与此形成对比的是一种理想中的相爱。一个身体方面没什么性经验的年轻人，通过良好的家庭影响，懂得了对女性的尊重，遇到一个对他来说美好优雅、近乎完美的女人；她非常害羞并且谦虚，生活在家庭和社会的重重保护之中，这样的生活经历使她无法立刻接受这个年轻人。他的性驱动受到刺激变得活跃起来，但并没有任何直接或公开的表示：即使是在想象中，他也没有幻想描绘过两人的身体结合。他只是希望靠近她，受到她的关注，赢得她的微笑，为她做些有可能激起她爱慕之情的事情。他对婚姻只是有个模糊的了解，但他知道婚姻意味着亲密的陪伴；想要与她结为连理的愿望胜过了其他一切，成为一切考虑和决定的重要影响因素。他可能会像雅各布一样苦苦追求七年的时间，或者他可以到外面为自己谋得一席之地，有所成就，获得一些荣誉和公众认可，用来证明自己配得上她，是值得她托付终身的。如果他一厢情愿地认为某些方面的努力能够满足自己的愿望，比如运动、经商、艺术或科学，他会在这方面加倍努力。在这所有的活动中，促使他不懈努力，为他提供思想支持，使他与以往相比更加充满活力的动力就是来自他的性驱动力。他并未通过实际行动直接表达这种性冲动的力量，而是借助一系列更高等的渠道加以应用。这种直接宣泄的克制促成了性冲动力量的升华；这种力量继而增强了由更深层次的爱而引发的一切形式的活动。

　　我想要伸出手臂环在她身下，

　　轻抚她的腰间，压住她张开的双唇，

　　她惊醒时只得与我相拥；

她是否会抱住我永不放手？

害羞的她一如在松树尖上跳来跳去的松鼠，

倔强的她好像夕阳中在头顶盘旋的燕子，

得到爱人的心是如此困难，

尽管困难，但胜利的光芒终会为她闪亮！

她绰约的身姿、天然的甜美给我勇敢的力量，

如此甜蜜，因为是她唤醒了我的心灵。

世界在耳边轻语：她是清晨的阳光。

我对爱的渴望会永远让她保持现在的样子，

愿意让她恣意放纵，也愿意给她自由。

人们常说，在这个相对现代的世界里，浪漫的爱情已经非常罕见了；他们解释说这是由于日益受到传统的影响。不过，倒不如说这是因为浪漫的爱情只能发生在那些禁止直接表达性的地方。在那些男人去酒吧找女人做老婆的年代，那些家庭包办女孩的婚姻丝毫不考虑个人意愿的年代，浪漫的爱情只有在非常特殊的情况下才会发生；尽管缺少传统的影响，但在这种情况下浪漫的爱情还是发生过，比如一个年轻人爱上了地位比他高出很多的大家小姐。现代社会所面临的问题在于——浪漫爱情能否经受住如今这种思想隔阂的考验，对那些碰巧遇到特殊情况的少数人，爱情是否应该再次成为他们甜蜜的折磨？

在爱情这样的复杂情感中，某种驱动的构成就是最普遍认为的升华模式。情感中某一驱动的冲动力受到同时作用的其他驱动力的制约和影响。我们可以通过简单情感的例子，例如天生的憎恶，来更清楚地了解这个原则。形式最简单的憎恶仅仅结合了两种驱动，愤怒和惧怕。一个人若是憎恶另一个人，想到他时难免带着愤怒，这种愤怒的冲动会促使他去攻击或

消灭另一个人；但同时他想到憎恨的人时也难免惧怕，恐惧的冲动会制约愤怒的冲动：这样，这个怀有憎恨的人既不会立刻宣泄自己的愤怒也无须克制，而是冷静思考一下，想出一个能够在伤害别人的同时又可以避免武力、免受报复的计划，刚好规避了他所惧怕的东西。这就是升华，不过仅仅是在思想水平层面上，并不依据道德水平。

我目前尚不清楚内心驱动真正的道德升华能否通过构建情感以外的其他方式进行作用。所有教育体制都存在的一个缺陷在于，它们很大程度上依赖于禁止和惩罚，尽管这些体制受害者会为了免受惩罚而形成很多技巧和能力，但这种方式无法带来道德升华。升华过程并不是只在一种情感中出现的。品格是有条有理的，是一个情感构成的系统，其中所有内心驱动的能量都会出现升华；如果获得了道德情感并且通过理想的作用将它嵌入品格结构中，所有的内心驱动的主要功能都能够达到某种一致的道德水平，换句话来说，就是实现了升华。

补偿

当儿童或青年逐渐模糊地意识到自己某些身体或思想上的天生缺陷时，就开始不懈地努力，试图在这个方面取得进步，改善自己，这种情况并不少见。最经典的例子就是古希腊雄辩家德摩斯梯尼，传说他是通过勤奋努力才获得了演讲方面的杰出能力，而这都是因为他天生缺乏这方面的能力，才激励他为此不断努力。这种努力只有在儿童形成了基本的自尊以后才会被激发；通过这种情感的作用得以持续并且受到某些观念的引导，这些观念比较原始，代表着孩子想要成为的样子。它们就是意愿的表达，对品格的形成起到一定作用，尽管这可能是某些并不完美或者片面的品格。

在有些情况下，补偿过程被推行得有些过度。比如说，一个意识到自己过度怯懦的男孩会努力掩饰自己的胆怯并设法去克服，他会将一切危险视为对自我的挑战，并且通过意志力让自己处于危险的境地中，丝毫不计后果；又或者一个意识到自己总是受到他人影响和制约的男孩可能会一直反抗这种影响，他可能在任何事情上都坚持自己的做法，这种强烈的反抗使他失去了对年轻人来说再正常不过的温顺和易受暗示性。这样下去，他会陷入做事固执己见、自作主张的危险之中，这是很不健康的做法，对他的发展也会产生不利影响，这种顽固和反暗示心理会使他在先例和建议面前都不听劝告。在更极端的情况下，比如在发展过程中导致了一种特殊的病态品格：年轻人对其他人无法产生任何欣赏、喜爱或肯定，他的这种封闭是由于一些用来塑造品格的主要因素的影响；他对自己变得异常敏感，对任何细微的指责都有所抵触，并且将一些本意并非如此的表达视作批评和责怪。自我关注的情感经过了这种扭曲的人，用今天的行话来讲，就是形成了"自卑情结"。我认为，只有在真正受到压抑的情况下，只有他将痛苦的经历和自我关注相联系，并进行掩饰，压抑在心中，或许一起掩藏的还有他这些补偿行为的动机，以至于将这些完全转化成记忆，或者彻底忘掉，这种品格才会发展为病态，导致神经病症状。

自我认识，坦诚以及品格的病态缺陷

上一段所提到的这些病态发展不仅是自身品格缺陷，同时还是很多神经问题的根源，可能严重影响生活，带来许多痛苦；这些问题从非常具体的缺陷，例如恐惧症，对某种丝毫无害的对象（猫，飞蛾，或封闭空间）的病态恐惧，肢体瘫痪，失声，失聪或者失明，到不明原因的痛苦，神经衰弱病人做事效率低下，以及歇斯底里、反复无常、令人无法信任等。

自我认识以及坦诚的自我批评，尤其是对我们行为冲动和动力的坦率认识，是针对这些问题和品格缺陷唯一有保障的预防方式。为了完整地探讨这些问题，我必须再为读者介绍一些技术条约①。不过在这里对一些更严重的缺陷以及构成其预防方式的原则，我可以进行进一步分析。

　　过分守礼就是这样一种缺陷。对于身体功能，年轻人不论男女都会有种天生的矜持、害羞或谦逊。我们可以分析出这在多大程度上是由于某种特殊的内心驱动。可能不需臆测就可以对事实进行分析。当一个孩子发现自己的排泄功能在某种程度上会令他人反感，于是就学着对此遮遮掩掩，觉得有些丢人；这种自然的态度可能会由于过度坚持内敛以及善意的老人们过分守礼的例子，或许再加上其他孩子无礼的嘲笑而进一步加深。这样一来，他对自己的身体功能会形成一种情绪态度，这种态度就好像是在对待一些令人惭愧、羞于承认的事物时的态度。可能我们中大多数人都经历过这种误区。引导孩子走出斯库拉的粗俗和卡律布迪斯的过分敏感羞愧（斯库拉和卡律布迪斯都是希腊神话中吞吃水手、船只的海妖。现实中的斯库拉是位于墨西拿海峡一侧一块危险的巨岩，对面就是卡律布狄斯大漩涡。在英语的习惯用语中有 "Between Scylla And Charybdis" 的说法，即前有斯库拉巨岩，后有卡律布狄斯漩涡，就是"进退两难"的意思）之间这条窄路实在不是件易事，但这是每一位母亲最基本也最重要的任务。假设一个孩子对自己的身体功能形成了这种羞愧缄默的态度，当性的身体特征出现时，这种态度几乎会不可避免地延伸到这方面；尤其是当他发现这种功

---

①关于这些神经和功能紊乱，我想为读者提供一个全面的介绍和探讨，请参阅我的《变态心理学概述》（*Outline of Abnormal Psychology*）。

能也是掩盖在羞愧神秘的阴云之下时。很多年轻女孩都曾多年忍受着自己月经初潮的秘密带来的煎熬，这对身体和精神发育都造成了伤害。无数男孩子也经受过类似毫无必要的痛苦。能够最好地保护他们免受这种折磨的方式并不是理论指导和生理结构细节分析，而是父母坦诚的态度。他们不需要进行任何粗俗的演讲，行动上也无须表现出原本的不在意。此时幽默是一剂特效药。身体功能是对人类端庄高贵的严重削弱，在很多方面都令人反感并且荒谬可笑，所以，当这些身体功能在特定的年龄被人们认知的时候，它们完全可以被放在可笑幽默的情境中。孩子会很快把它们视为可笑幽默的东西，采取一种拉伯雷式粗俗幽默的态度。当母亲看到托儿所里因为某些有关尿壶的小事件而爆发出笑声时，让她不要生气皱眉，训斥孩子，好像是在处理什么令人羞愧的坏事一样；让她和孩子们一起笑，幽默地承认我们人类共同的弱点，以及由于我们的身体构造而致使我们不得不屈服的小痛苦。通过这样的方式，她可以让孩子与自己更亲近，让他们能更轻松地向母亲倾诉自己无法逃避的焦虑和痛苦，而且能够鼓励他们树立一种对自己以及其他事物的健康坦诚的态度。这种母亲的职责是无法安全合适地由任何雇佣的他人来取代的；那些忙于完成自己重要的社会和职业职责的母亲总是保证，当孩子智力开始发育的时候，自己会花更多的精力来积极地教育孩子，她们还没有完全意识到一个现实，那就是"孩子有时候真的需要我"。

与独生子女或两个同性别孩子的家庭相比，同样拥有几个不同性别的孩子的家庭所具备的一个巨大优势之一，就是孩子们可以互相教育。尤其是男孩子以最原始的方式意识到大自然强加在女孩身上的需求、愤慨和痛苦与自己身体自然形成的非常相似；于是在正确的引导下，他对这些内容所形成的态度就是幽默并抱有遗憾，这是唯一理智的一种态度。

过分守礼的态度一经确认，可能会持续终生，成为一种严重的残疾障碍。性驱动可能不会通过正常的发展和升华，而是通过很多混乱模糊的方式进行表达，关于性方面一切问题所形成的病态的好奇心对于生活行为可能是最为普遍但最无害的。总的来说，形成了这种态度的人会发觉很难对自己坦诚，所以也很难理解并控制自己内心性驱动的作用；因此他会特别容易受到各种性曲解的影响。在对所有发展过程的曲解中，由于性驱动强大的动力以及它严重的社会后果，性曲解是生活过程中最令人痛苦心烦的一种误读。在我们开化文明的社会中，每年都有大量人群因为对性的曲解而面临崩溃绝望，甚至还有很多最终导致自杀。

思考一下另一种常见的品格缺陷，尤其是对女性而言，会导致严重的紊乱最终毁灭了健康和幸福。孩子天生就有欲望想要受到爱护、照顾、表扬、认可、重视以及任何类型的关注；如果他没有得到足够的满足，就会迫切地想要得到这些东西。他可能会在认清自己的动机之前就参照以往经验看怎样做才能满足他想要得到的东西，然后采取行动。基本上在所有小孩身上我们都能发现这种行为，当一个可能同情他的人出现时，小孩立刻会更加用力地哭泣以示痛苦。这种痛哭是孩子与生俱来的内性驱动的表达，希望通过这种行为来要求温柔的手安慰他。但是这是一种我们平时要学着控制并且适度使用的驱动力。那个孩子为了得到温柔的关注，会表现出更多的痛苦，以此来获取自己想要的东西，吸引别人的注意力，使自己成为一圈应声来照料他的人——父母、护士、医生，还有因为他必须停止哭闹的其他小孩——所关注的焦点。我可以生动地想象自己舒适地躺在母亲的怀抱中，带着责备和沾沾自喜看着我的父亲，尽管父亲固有的严厉后来让我非常头痛。几次这样的经历就足够给性格带来不幸的逆转了，对性格外向的人来说，可能导致终生的歇斯底里症。

孩子逐渐长大，懂得了利用这种方式来满足自己对温柔和关注的欲望，通过不断重复这种要求，她在家里为自己构建了一席之地。任何身体上的小病都被夸大，将所有的失望、苦恼都通过身体症状表现出来，比如头疼，不明疼痛，"突然眩晕"，晕倒，在更严重的情况下，歇斯底里发作时，还有哭泣、痉挛，以及一切吓人的症状，使家人都变成了她的奴隶，如果哪个男人不幸娶了她，这种行为会使她的丈夫陷入绝望、反抗，或者顺从隐忍的境地，成为"妻管严"。

第九章 性格与幸福

人们普遍赞同，都希望能生活得快乐，这是明智且合理的；如果可以的话，我们应该快乐，不仅仅因为快乐本身是一种理想的思想状态，同时还因为快乐可以蔓延，可以让与我们接触的人受到感染，变得更加快乐。有些哲学家主张快乐是最重要的东西，产生快乐是一切道德行动的合理目标和最终结果，我们无须驻足思考他们是否正确。就我个人来说，我更愿意将高尚的品格视作生活的重要目标和最终目的；不过，虽然我把人的高尚看得比快乐更重要，但倘若高尚和快乐不能并存，我们也无须面对如此困难的抉择。只有在道德水平低下的衰退社会中才会存在这种不兼容；在如今这个现代的世界里，道德传统有了很大的发展，人们逐渐接受品格高尚的人更易于获得快乐。我的意思并不是说品格高尚就是获得快乐的唯一途径，或者可以带来最多的快乐。我们必须要对快乐进行数量、程度和强度的比较，这是最好的方式，只是结果并不明确：我们只能或多或少进行粗略的判断。有些人在性格、脾气、周围环境这些方面都比较幸运，他们似乎一辈子始终保持着非常快乐的状态，而也许他们的性格非常简单，道德水平也并不高。但是，通过品格高尚所获得的快乐有这样的优点：尽管这种快乐可能不像品格不那么高尚的人那样强烈和纯粹，但它却更加牢固坚韧。一次难免的不幸，死神的来临，威胁健康的疾病，失去权利和财富可能会完全摧毁本质简单的快乐；但品格健全的人懂得调整自己，适应形势，懂得如何在灾难中寻找希望。

完善高尚的品格是我们所有人努力的目标，与快乐相比它还有很多优点。人们普遍认同，如果我们不把快乐作为生活的核心目标，快乐会来得更容易一些，就像莱基所说的那样："人们投身于追求他人的快乐时，自己会得到最多的快乐。"我们可以将这种说法与另一个同样毫无争议的真理相结合，也是出自这位作家笔下："人类的良心从未将自我牺牲视为美德的第一要素"。的确，幸运的是，人类天性和我们的生活环境如此息息相关，这两句话基本在任何时候任何地方都适用，它们的结合比其他任何事例都更能支持对人类生活的一种乐观展望；因为只要我们把这两句话相结合，对未来的展望就基本是固定的，不论我们对人类命运科学的观点发生什么样的变化；不论我们是否坚信仁慈的上天早已安排好我们每一个人的事情，或深信在未来的生活中会得到公平的待遇，这些都可能塑造我们良好的性格。尽管快乐或许不是人类奋斗的最终结果，但如果像那些阴郁的哲学家们所假设的那样，对高尚的追求必然或者通常要牺牲快乐，那么我们对未来的展望就难免变得黑暗起来。

谈到快乐的本质和条件时，最重要的是要避免一种错误，这个错误影响了很多有关行为问题的探讨，那就是，将快乐等同于一系列愉快感受的总称。回想一下共同的经历，我们就会明显发现这种说法的错误所在。美味的食物，一束光芒或一首音乐，一丝风趣幽默或和蔼可亲，都可能给我带来一瞬间的高兴，但这种感受消失后我们不会有什么快乐的感觉。不过快乐和高兴并不是毫不相关的。快乐可以加强各种高兴的感受，而每一次愉快高兴都能够丰富我们的快乐。相反，痛苦会削减快乐，快乐也会减轻痛苦。长期忍受着某种激烈痛苦的人不可能绝对地快乐；但如果他内心非常快乐，却会让痛苦变得微不足道。

所以，创造愉悦避免痛苦是一种智慧；并不是说通过这种方式我们就可以获得快乐；而是因为，如果我们有了快乐，通过创造愉悦可以让我们的快乐变得更加完整，让我们的影响力和行动变得更加有效。

在这个过程中，身体健康充满活力是至关重要的，身体保持活力的同时情绪也会受到积极的影响。"我若抽烟会造成痛苦，不抽烟也会痛苦，那么我还是抽吧。"这句话来自一个伟大的作家，他大量的作品都在奉劝人们以正确的方式生活。但愿他抽烟时痛苦会少一些。他的话阐明了高兴对快乐的细微影响。通常人们认为这位"圣人"的"痛苦"是由于消化不良；而他的消化不良很可能是由于不快乐，继而导致了性格的缺陷。这是因为快乐和不快乐的根源都是性格，在决定身体是健康还是患病的过程中扮演着至关重要的角色。

所以，从身体健康开始把生活变为一连串愉快的事并不能确保我们得到快乐。这是享乐主义者的计划：在佩特所著的美丽传说《马利乌斯——一个享乐主义者》中，我们可以看到，这种计划即使是经过了大量的改进和区分，最终仍然毫无价值并且造成了悲剧。

不过，理智的创造愉快之感可以充盈我们的快乐，尤其是通过三种方法。第一，当我们拥有一些愉快事情的时候，我们要学着充分意识到愉快的存在。对一个健康并快乐的人来说，在清晨醒来，与阳光问好就是一件非常愉快的事；伸个懒腰，刮脸洗漱，享用早餐，和朋友打招呼，在街上行走，呼吸新鲜空气，向遇见的路人点头致意，从上次结束的地方开始工作，这些都能令他感到愉快。对一个不快乐的人来说，这一切行为都只不过是生活负担的一部分。而快乐的人通过有意识地注意这些简单的快事，则会使自己快乐得更加充实。在一整天的劳累过后，舒展地躺在一张干净舒适的床上是件多么令人愉快的事啊！这种如今每个人都能享受到的奢侈在过去只是帝王将相的特权！

第二，我们要记住一个原则（这个原则至关重要，因为它是乐观的基础）并且依此行事：与他人分享快乐就是加强快乐，与他人分享痛苦就是缓解痛苦。

第三，不要总是想着并且扩大那些人人难免遭遇的痛苦。有些人总是关注那些油膏里的苍蝇，玫瑰花上的刺，野餐时的蚊子，脚后跟的水泡，床垫下的豌豆……总是注意到一切人类和事物那些细微的不完美。我们不要纵容这种错误。此时幽默是最好的解药。我们干脆一次性认识清楚，后悔是一种最痛苦也最无用的情绪。我们要尝试一下应用这种非常真实，但又有些神秘，人人都不同程度具备的能力，将我们的注意力从一件事转移到另一件事上，或者从一件事的某一方面转移到另一方面；我们应当选择关注令人愉快的事情或者那些让人愉快的方面。我们还应当将同样的原则应用到为未来的策划考虑之中。人类有一个特点，我们的愉快和痛苦大部分都是一种回顾和预期。所以，如果我们能够试着拒绝后悔，我们也就能够避免令人沮丧的预期。莱基有言："谨慎预期是成功生活的首要条件，但也可能轻易地演变成一种最为可悲的思想状态，在这种状态下人们始终在预期，总是思索着不确定的未来中那些不确定的危险和罪恶。"

玫瑰周遭向我开，

嫣然浅笑更低徊：

"看侬一解柔丝蕾，

红向千园万圃来"。

为卿斟酒洗尘缘，

莫问明朝事渺然。

我便明朝归去也，

相随昨日七千年。

时恐秋霜零草莽，

韶华一旦随花葬。

（选自《鲁拜集》，黄克孙译本。）

这类劝导是一种世界性的智慧，一切信奉各种道义的明智的人都会认同。众多世人由于预期和想象未来的苦难而产生了一种恐惧，使自己的生活变得更加黑暗。幸运的是，如今我们已经认清了这种恐惧的本质，认清了这种对死亡的恐惧，它其实就是封建迷信的残余和无用产物。但是，不论我们多么努力地去听从和实践这种智慧的劝导，倘若我们的品格不健全，就没法做出什么实际行动来捍卫快乐。

内心斗争

不快乐的主要原因在于多种内心驱动无法兼容所形成的斗争。快乐的重要条件是内心驱动的和谐合作。所以，快乐与否的程度主要取决于我们性格中内心驱动的结构形式。有人说快乐永远是对美德的嘉奖，其实不然。一个不幸的人可能终其一生与邪恶的内心驱动和品格缺陷做斗争，但从未得到快乐。但对于运气好并且性格也好的人来说，美德和快乐来得都很容易。性格结构可以带来力量，同样也可以带来快乐；因为力量和快乐同样都是和谐结构的产物。

我的意思并不是说快乐是独立于外界环境的；更不是说身体疾病会严重地削弱快乐，疾病并不是由于病人的愚蠢和错误造成的。性格结构和谐的人即使身处逆境，健康状况令人担忧，也仍然可以享受某些快乐；相反，性格内部的情感斗争激烈的人即使是在最优越的条件下也很难感到快乐，也无法充分地享受健康和活力。

对于内心平和的人，与外界困难的抗争，在逆境中奋起的战斗都可以令之精神振奋，激发对生活的热情。但内心斗争通常都非常痛苦；当这种斗争不明原因地持续，成为一种受到压抑的冲动时，尤为让人痛苦。很多人不了解这些潜意识斗争的现实，想要说服这些门外汉是非常困难的；不过，现代所有心理仪器以及心理治疗的伟大进步都是基于对现实的充分认识，并且都显示出这种潜意识斗争的频繁出现以及它们给人类带来的无尽烦恼。

冲动会在我们内心毫无原因地发作，不知不觉成为我们行为的动力；情感会逐渐凸显，在我们对其存在完全不知情的情况下对我们的生活产生影响，这些事实都已不是新发现了。一直以来，浪漫主义作家最喜欢做的事就是描写一个在全然不知的情况下陷入爱河的青年人，其情感丝毫不受控制，充满莫名其妙的喜悦和痛苦。很多宗教作家在自己的领域也发现了同样的事实。

在我们能够完全意识到的动机和下意识发作的动机之间并没有明确的界线；在任何情况下，我们对自己动机的意识都仅仅是一个清楚和模糊程度的问题。也就是说，并不像很多现代作家描写的那样，我们的精神生活并不能清楚地分成两个部分，一部分是有意识的，另一部分无意识或者说是潜意识、阈下自我。

在那些思想坦率、严谨教条的人看来，有些动机是模糊的，有些情感是没有意识到的。我们对自己少一点坦率，对自我的认知就会少一些，我们就越容易跟随没有感觉到的动机来行动，也越容易受到没有意识到、没有承认过的情感的支配。这些最容易在我们内心通过模糊的下意识起作用的动机和情感就是那些与我们能够意识到、赞同并接受和承认的动机和情感无法兼容，并始终在斗争的东西。

我们可以想象一下，一个野心勃勃的男人娶了一个他爱的女人，他有着积极的意愿想要做一个好丈夫，起初一切都很好。后来他发现妻子在自己实现抱负的过程中是一种阻碍。他开始在社会生活上花更多的时间；在他现在极力想要表现的这个复杂圈子中，他的妻子逐渐显现出她无法胜任自己应该扮演的角色。她为丈夫生了孩子；家庭开销和应负的责任对他的前途开始造成影响。或许他所面临的困难很大一部分是由妻子的无法胜任以及持家时的铺张浪费造成的。如果他对妻子的爱没那么深，或者说随着婚后生活的压力逐渐褪了色，他也许会抛开妻子继续追求自己的理想和计划。只要他能取得成功，逐渐实现自己的抱负，他就会一直比较快乐。家庭关系可能会让他有些轻微的困扰，不过他可以在其他方面寻找补偿。但如果他对妻子的感情始终非常深厚而强烈，妻子依然是他内心向往的目标，那么他的内心将会上演一场痛苦而持久的斗争，他的爱情和理想之间的斗争。他可能会压抑由于妻子的无法胜任、轻浮以及铺张给自己造成的困扰、烦恼和失望；他会拒绝承认自己的爱情阻碍了理想这个现实问题。于是，他就像一个内部发生了矛盾的家庭一样；这种出现矛盾的情况，由于情感无法兼容而出现的冲突，非常令人恼火，使他无法快乐。如果他真能认清现实的状况，或许可以进行一些适当的调整，在某些程度上既能维持爱情的情况下，通过某些方式也可以实现理想。或者他也可以做出一个抉择，为了其中一样放弃另外一样。但是，如果他一直掩盖事实，坚持不肯承认这种斗争的本质，固执地假装一切都正常，他可能会陷入更深的矛盾、更痛苦的斗争中，这样的斗争是不可能轻易通过意识的觉醒和调整来化解的。在他心里，妻子逐渐变成了两个人：一个是他爱的女人——那个令他着迷，让他高兴，和他拥有很多温柔和美好回忆的女人，那个他衷心愿意与之相伴的女人；另一个是事事给他带来烦恼和阻挠，令他内心的抵触已经积蓄很深的人。尽管第二个人物激起了他的很多情绪，但还比较暗淡模糊。他的内心形成了一种压抑的情感，医生们称之为情结。他的理想所引起的冲动悄悄地支撑并强化着这种压抑的情感。只要这种状态不改变，他就必然会不快乐。潜意识斗争所带来的痛苦会占满他整个生活；在他积极考虑外界事物的时候，这种痛苦是最轻的；当他赋闲无事静心思考时，这种痛苦会一涌而出，最为强烈；所以他倾向于无休止地投入到各种活动中去，利用游戏、娱乐、消遣（如莱基所言："在我们的语言中，用'消遣'和'娱乐'这样的词汇来描述愉快的心情是最为悲哀的事情。"）来填满每一寸空闲的时间。如果他非常天真，这种状况会一直持续下去，直到突然有一天他的痛苦爆发。有些微不足道的事会让郁积情结支配整个人的行为，他则会以谩骂和责备来释放痛苦。那个他爱的妻子逐渐淡出了视线，而那个作为痛苦、愤怒和厌恶目标的妻子则来到了前面；他只能看到妻子的错误和缺点。这个人理想的动机在不知不觉中起了作用，增强了他的怨恨，并且使他相信自己完全有权利要求分居或离婚。又或者作用得更微妙一些，通过默许他妻子一些行为，来为自己这种要求寻找借口。但是，如果他坚持走这条新的道路，为了自己的理想牺牲爱情，他仍然不会快乐；因为他的爱情还没有消亡，只是受到了压抑，所以依然会有莫名的忧虑甚至悔恨来困扰他。

如果这种令人费解的斗争继续下去无法化解的话，可能会严重地影响人的健康和工作效率。前面说到的那个有理想的男人可能会遭受食欲不振、失眠、头疼之苦，内心感到压力巨大，无法集中精力工作，容易疲劳，这就是神经衰弱。他的神经能量并不是消耗在那些可以给他带来成功的满足和喜悦的活动上，而是很大程度上毫无意义地消耗在了内心的潜意识斗争上，这只能给他带来痛苦和沮丧。当他意识到自己无法有效地朝着理想目标努力时，他会更加痛苦沮丧。

在探讨这些费解的复杂问题时，我们必须要避免教条主义；但是或许这么说是正确的，所有的不快乐都是由于这种内心斗争引起的，这正是我试图表达的。不快乐可能来自纯粹的外界事件，这种说法可能会遭到反对。那个有理想的人可能会觉得这个世界对他来说太强大了；也许一丝从天而降的不幸就会摧毁成功的全部可能。在这种情况下，难道他不会因为外界事件感到不快乐吗？我的回答是：不会！如果他不快乐，那是因为他的理想还留在心中，追求一条更容易的道路让他充满遗憾；也就是说，在他内心仍然存在斗争。如果在这种情况下他最终放弃了自己的理想目标，意识到那并没有多么伟大的价值，只是他虚构的价值，他可能会因为自己放弃了这个目标而略感快乐。

那么，对于爱的情感呢？难道不快乐不是放弃挚爱的必然结果吗？我的回答是：不，或许悲伤是必然的，但不快乐并非如此。如果与爱人之间的关系就是我们想要的一切，如果我们没有理由责怪彼此的过去，如果我们的关系不存在阴影，那么爱的情感将会持续下去，尽管起初回忆是令人痛苦的（这种爱会一直淡淡的，带着一丝挫折的痛苦），但爱的情感会一直给我们带来快乐。"爱过又失去了总比从来没有爱过要好。"

所以，快乐的重要前提是内心和谐，性格结构合理，避免内心思想斗争，使所有的情感相互合作，相互支持，相互促进。只有这种性格结构才能使人调动一切力量并且最有效地利用它们去做事，这就是快乐。

让我们回到谈论性格发展那一章所得出的结论。品格未完全形成的人不能称为品格完整；他会受到天生的原始冲动以及不同情感所引发的动机的引导；但并没有主导中心，没有一种主导力量能控制这些动力，把它们按照制约等级一一排好，并且解决它们之间的初级斗争。对于品格有缺陷的人来说，他的品格受某些主导情感的掌控，如理想，对某人或某事的爱或忠诚，他则可以称为完整；但他很有可能因为自己目标的损毁以及继而引发的所有期待和希望的破灭而丧失快乐。即使是宗教情感，对上帝的爱，也可能受到损坏；因为这种情感无法经受人们对上帝的信仰逐渐削弱或者毁灭。当然，在这种情况下，情感的力量对于保护这种信仰非常有效，但也不能完全保证，一个人的品格若是由宗教情感整合而成，最终却因为对上帝信仰的毁灭而坍塌，那么真的没有什么比这种处境更为悲惨了。

埃德蒙·伯克（Edmund Burke，1729 年 1 月 12 日—1797 年 7 月 9 日，爱尔兰政治家、作家、演说家、政治理论家和哲学家。曾在英国下议院担任了数年辉格党的议员，事迹包括：反对英王乔治三世和英国政府、支持美国殖民地以及美国革命，以及对于法国大革命的批判。伯克也出版了许多与美学有关的著作，并且创立了一份名为 *Annual Register* 的政治期刊。他经常被视为英美保守主义的奠基者）是这样写的："考虑一下世界上有很多可能带来正面效果的困扰，也有很多愉快背后的痛苦失望，在自己的能力范围内尽可能多地寻找满意的根源，这的确是明智的。无论何时，当我们关注一个单一的对象时，这个对象一定要和生活本身紧密相连。但是，尽管实际操作中要有所保留，这个对象始终是最突出、最重要的；其他的事情和人物都应按照各自的制约层次排好次序，为伟大的生活构建一个良好的结构。"我们可以赞同，但我们也可以更进一步得出一个结论，这个结论本身就隐含在伯克的话中。这几句话提出了品格结构的核心问题。如何确保品格的完整结构？如何寻找一个核心主导目标来引领其他一切思想内容？这个核心主导目标必须不能受到任何生活机遇、财富转移以及命运变化的影响，不会变作毫无意义失去效力的东西。换句话来说：我们能够培养的主导情感有哪一种是符合这些条件的？只要生活继续，它的目标就永远不会被摧毁，对它的希望只会引导行为走向高贵，而不是带我们走向持续的不快。这样的目标只有一个，它也只源自一种情感。那就是实现品格高尚的目标，而它的来源就是自我关注的情感。只有这种情感可以完全满足主导情感的要求；只有它可以在任何想象得到的情况下，为正确的行为提供坚决的动力；也只有它能够促进品格的力量，高效的意愿以及长久的快乐。只有其品格发展遵循了这条道路的人才能说：

虽然逆境的魔爪将我扼住，

我不曾变色，或叫出声响。

在厄运的重锤下，

我的头鲜血淋漓，却从未低下。

不论门关多么狭窄，

不论卷轴上控诉着多少惩罚，

我才是自己命运的主人，

我才是自己灵魂的舵手。

可能有些人会反对我所描述的品格，因为那些能同时带来力量和快乐的品格大都是斯多葛派所尊崇的，那些力有不逮的斯多葛派老学者正是采取了这类品格结构。莱基不是说过："异教没什么伟大成就，只有那个极其可怜的人物，马卡斯·奥里留斯。"马卡斯倾其一生不懈努力塑造了高尚的品格，不是仍然不快乐吗？我对这种反对意见的回应是：斯多葛学派创始人从出生到生活环境到他的职位都处于极其困难的境地。在那个正在败落的残酷世界里，他在这个职位上肩负着很重的责任；在那个世界里，所有的道德传统都被种族和文化的交融所颠覆了；在那个世界里，在他所处的位置上，不快乐比快乐更为高尚。

"想要舍弃一切，先要拥有一切。想要放下欲望，先要拥有其他东西。除非一个人对自然界任何事物都没有感情，否则他不可能自愿地去向往天上的东西。"托马斯·厄·肯培的这几句话代表了另外一种非常不同的理想，静修主义的理想，不去反抗邪恶，舍去人类一切责任的理想，也是那些幻想未来的愤怒时只考虑留存自己灵魂的隐士们的理想。即使在相信对别人的奖赏和惩罚的基础上，这种理想同样也是经过屡次尝试力有不逮，但它也给出了同样的关键对策，即通过自我关注引导品格完整结构。它所提出的"放下欲望"是一种规劝，让一种欲望和目标来引导其他的欲望，如果可能的话，直到其他欲望实现或消亡，具体来说，这种欲望就是自我完善。我们会发现，所有的道德培养系统，只要将人类视作负责的道德生物，在这方面必然是相似的。唯一有所区别的是纪律系统，对每一种情况都有一种权威的规则，这样就剥夺了追随者们所有的道德责任，仅需他们服从。

除了最后一种系统，各种品格结构系统之间的区别就是通过自我培养将理想作为实现模型的区别。静修主义系统与斯多葛主义系统之间的区别仅仅在于静修主义系统将斯多葛主义理想的缺陷推进了一步，过度地推论了品格和行为更多的负面特质以及低估了世界运转所隐含的积极有益的特质。

所以，与每一个人的理想相结合的特质，他所欣赏和热爱的特质都是至关重要的；也就是说，在品格构建的过程中，道德情感与自我关注同样重要；因为如果道德情感存在缺陷或走入歧途，那么品格不论多么强硬，结构多么坚固，都必然会存在缺陷或走入歧途。

如我们所见，道德情感是在青年时代初期在我们所欣赏的个性的影响下构建起来的；不过在成年后，通过思考，我们会对其进行一些修正和调整；通过思考，我们每个人都可以成功地将道德品质的价值和它应处的价值位置调整得更近一些，以此来修正我们的理想目标。在品格构建的过程中，这是一个重要工作；基于它的重要性，我需要单独拿出一章来探讨道德品质的问题。

第十章　性格的内在动机

我们对于个性及其质量的思考有所欠缺，通过我们谈论朋友和熟人时语言的贫乏、含糊和混乱就可以反映这一点。受到过一般教育的人总是会满足于使用几个模糊且非常基本的术语。当他形容一个喜欢的人时会说他"是个好人""为人不错"或者"是个普通人"；对于不喜欢的人，他会说别人是"一个笨蛋""一个坏蛋"或者"一个无赖"；这些词汇代表了他道德辨别的界线。有一点非常令人费解，那就是在这个问题上我们要依赖语言。道德品质是抽象的；我们只有借助语言才能对它进行思考，才能清晰地表达；对于每一种品质，我们在区分、欣赏或将之置于某一价值领域中时需要给它们个名称。

每一个文明人的语言都包含着大量的这类名称；有些学者的工作就是精确辨识和使用这些名称，但即使是他们，在这方面也没有取得很大成功。

造成这种混乱的主要原因在于，我们在使用这些词汇时指代的总是那些我们能轻易观察到并描述出的外在行为；然而只有我们掌握了一定知识，了解了所观察到的行为的动机，才能恰当地使用这些名称。我们来考虑一下一对日常使用的名称，勇气和怯懦，或者勇敢和胆小。

如果我们见到一个人在路上遇到危险逃走了，我们可能会把他的行为描述为胆小；但或许这种行为只是出于谨慎而已；这也可能成为一个"为了跳起而后退"的例子；或许一会儿他就从后面抓住敌人，带着技巧和冷静将他碎尸万段。

如果我们看到一群人在遇到危险时猛冲上去，我们会说他们体现了勇气。但是如果我们不知道这些人的内心状态，这个词所包含的内容是多么单薄，意思是多么模糊啊。

他们外在的表现方式都差不多；不过对其中一个人来说，恐惧可能只是非常弱的内心驱动，他想得很少，身体力量却很强，猛烈的行动和危险的处境令他感到刺激和愉快。另一个可能是一个胆小的人，由守规矩的性格所激发的力量克服了他的恐惧，因为他对于完成任务、坚持理想有着非常强烈的愿望。第三个人可能是受到激情洋溢的爱国之情的推动或者是出于保护某些所爱的人这种愿望。第四个人内心灼烧着想要闪光的欲望，想要得到朋友的赞许。第五个人惧怕所有的事，是他朋友嘲笑和谴责的对象。第六个人行事不计后果，因为他觉得自己受到神佑，任何东西都无法伤害他。第七个人相信，只要他加入这场斗争，他立刻就会被带入快乐奢华的天堂，周围都是美丽的女神，他会进入永恒的福佑中。还有一个人是出于对敌人犯下的恶劣罪行的强烈愤怒；他的愤怒所带来的力量淡化了所有关于危险和惧怕的想法，但若不是在愤怒的状态下，他可能会对这些感觉非常强烈。最后还有一个"勇敢"的人，或许他冲上前去仅仅是由于惧怕死亡，因为长官手里正举着一把左轮手枪。 通常我们只是粗略地区分了一下道德上的勇气和生理上的勇气；这也就是我们的辨别力通常所能达到的程度了。但这种区分还远不够清楚。常常使用"勇敢"和"怯懦"这类词就是一个典型的例子；如果我们不能更具辨别力地使用名称，那么显然也不可能有效地谈论和思考性格品质和行为品质。我们都欣赏勇气这种品质；一般总会把强而有力的行为归功于勇气，仿佛勇气是一个具体事物，是一种强大的实体。但就像前面的例子所证明的那样，我们所说的勇敢行为可能来自截然不同的动机；没有一个可信的例子表明，我们将这种勇敢行为归因于勇气就可以解释它。或者说，通过在某些特定情况下的归因，我们充其量可以认为，这种行为包含着我们所了解的人类性格因素，根据对此人性格的了解，这是一类可以期许他完成的行为。

对于其他有名称的性格品质也是一样；在提到某种品质时，我们就倾向于认为自己已经充分地解释并了解了某种行为。但在任何一个事例中，我们都只是在欺骗自己；只是在借助语言掩饰自己的无知，为不去进一步探究根本寻找开脱。

我们再来考虑一下另外一种品质，"残忍"。我们也经常这样说起残忍，就好像它也是一种强大的实体一样。目前对于"一种残忍的行为"这个短语的使用表明了一种普遍趋势，我们倾向于将所命名的这种品质人格化，使它成为一种动因，一种实体。当看到一个人残酷地对待动物时，我们会说这是由于他的残忍。那么什么是残忍呢？它是一个内心的恶魔吗？很多作家都习惯于随便地使用"天性"这个词，来避开这些问题，避开有关道德品质的思考。对于任何一类自己不明白的行为，他们都用天性来解释；然后就此不再做任何说明，也不再继续思考。我最近在读一位著名作家的自传初稿，据称这本自传记录了他思想发展的历史，创造并赋予他很多前所未闻的天性。

在人类身上没有残忍这种天性。如果真的有"残忍的行为"，那么每一种都只是一个有待解决的问题，我们可以使用一些不那么简陋的方法，不必将之归为"残忍"或者归为残忍的天性。当然，有些动物天生就具备追捕、残杀、吞食其他种群的天性。有一类黄蜂具备一种天性，抓住毛毛虫并刺蜇使之麻痹，然后活着储存在巢里，作为自己幼虫的食物。我们可以说这种天性有些残忍；但若要说这种黄蜂天性残忍就有些荒谬且容易造成误导了。不论怎么解读，任何人或动物都不具备残忍的天性。

我们可能会听说一个孩子将活着的动物撕成碎片；但他可能是一个心地善良的小孩，仅仅是在好奇心的驱使下没有意识到自己正在折磨一个脆弱的生灵。

一个乡村绅士在娱乐时可能方式会有些残忍；比如说，他会将狐狸的毛皮剥下来；他的思想里塞满了各种风俗传统，从来不曾想过要从狐狸的观点来看待这种活动。

一种突然的愤怒可能会促使一个人通过语言或者拳头对别人造成残忍的伤害，但这一瞬间过后，他会深感后悔。这些的确都是残忍的行为，但并没有给我们理由将残忍这个形容词用在做出这些事的人身上。从一方面来说，有些人我们称之为恃强凌弱之人，通过残暴的行为证明自己的力量在他人之上，即会因此感到高兴；少数情况下，有些人曲解了教训的含义，因此将痛苦胡乱施加到他人身上。如果这种人不加以克制，继续放纵自己扭曲的冲动，他们完全可以被称为残忍。但是最适合这个形容词的应该是那些受到来自野心这类情感的强烈欲望的驱使并纵容它否决一切善意驱动的人，以及那些受制于自己的统治欲望，使自己内心不断变得坚硬，将冷酷作为自己理想的特点，最终把冷酷无情的情感融于自己性格的人。

用形容词恰当地描述行为比用在人身上要容易得多。可以恰当地把一种行为描述成残忍的、冲动的、不体贴的或善良的，但这并不意味着同样的形容词也可以合适地描述行动者的个性。有些时候，观察到某一行为时，我们或许能准确地推测出行动者的个性；但只有在我们了解了行为的动机及其本质，以及观察到某些持续表现出的特质以后，我们才能将与该行为有关的品质归为人的个性。

我们已经探讨过个性的要素了，它们决定了行为和道德品质。其中最为重要的有性格、性情、脾气和品格。正如我们所见，前三种主要是天生要素，通过训练可以改变的程度相对较低；而尽管可能也会有构成某些情感的天生倾向，最后一种对我们每一个人来说主要是在生活过程中形成的，尤其是在年幼时期形成的。

我们用来形容个性的形容词很多都是用于思想品质的，而不是道德品质，比如说速度、理解范围、记忆力、应变力、创新能力等。我想略过这些内容暂且不谈，因为这些基本不受我们掌控。但智力和品格是巧妙地相互交织的；有一组品质是智力和性情、性格、脾气这些天生道德因素合成的产物，与品格已经非常接近。的确，品格本身通过自我培养已发展到一定高度，所以是这样一种合成产物。为了更好地认识个性以及个性的发展，让我们对某些道德品质进行一下思考，试着粗略地给它们分分类；因为在我们考虑大量现实依据时，若要让思想变得有条理，分类是重要的第一步。

在前面的章节中，我们已经了解了为什么性格主要是一个与内心驱动的力量相关的问题，以及每一种驱动力是如何通过使用而增强或者因为长期不用而变弱的。我们也了解了性情是如何由身体器官结构和新陈代谢主要决定的，以及为何性情会跟着偶尔的身体紊乱而发生巨大改变。对于性情，我们能做的一切就是将身体健康值保持到最高。假如我们的肠道内总是习惯性地积满垃圾废物，通过血液吸收的化学毒素会使我们的性情受到损害。如果我们总是无法得到充分的休息和睡眠，体内的化学废物永远无法完全排泄干净，我们的性情就会因此改变。

我们也了解了脾气主要是由内心驱动、冲动和欲望作用时的天生特性所决定的；这些特性包括感情强烈程度、突发性、持续程度、受到愉快和痛苦影响的程度等；它们的作用力度似乎看起来比性格和性情要小。

但是，随着品格的发展以及锻造品格过程中对于意愿的不断运用，所有的这些天生要素即使没有发生明显改变，对于行为的影响也都受到了控制。性情易怒好斗的人会学着自我控制，善意地替他人着想；将这些视作理想的品质并且自身想要拥有，他就会逐渐获得这些品质。这样一来，他的愤怒驱动或多或少得到了升华；这种驱动成了他刻意引导的行为的力量来源，而不再是激烈语言和行为的原动力。性情非常外露的人会试着去理解三思而行的价值，对于自己过于自由的情感表达他会主动地加以限制。喜怒无常的人会逐渐意识到这是一个体质缺陷，继而学着去欣赏恒定和坚定；由于他希望自身能具备这种品质，他会寻找一种能够帮助自己固定目标的力量，坚持一个目标，一旦刻意地选定了，基本就可以固定下来。

在所有情况下，天生个性因素的变化都源自情感，反过来，情感又是品质的重要组成部分。那么，品质并不是个性在道德层面的总称，而是一个不断变化、可以修改最终能够自我调控的部分，同时品质又可以深入地修正其他因素对行为的影响。我们主要需要了解的就是品质，这样我们才能从真正意义上解读个性并且理智地掌控个性。

品格的不完整形式

我们首先来考虑一些品格的不完整形式；没有形成明确的品格而仅仅达到结构底层的个性，若经过进一步发展可以成为完整的品格。儿童的个性基本如此；很多成年人也没有走出过这个只适用于儿童的发展阶段。

在行为中，这种个性会表现出突出的不一致性，使我们无法找到合适的语言来描述它。想象一下，一个内心母性驱动强烈并处于主导地位的女性，在做了母亲以后，她的行为会经常表现出温柔慈悲的天性，充满柔情地疼爱自己的孩子；总的来说她会对自己的丈夫非常好，前提是他是一个好父亲。但是她同样可能做事很不公正，内心怨愤的时候还可能做出称得上残忍的行为。她可能爱某一个孩子比另一个要多，对待他们时会表现出相应的偏爱和不公正；因为她完全是自己母性情感的产物，而她的行为主要是这些情感所激发的冲动和欲望未加任何修饰的即刻表达。

如果一个同样性情的人，没有受到对一个或几个孩子的爱的支配，而是欣然形成了一种舍己为人的善良情感，那么她在品格方面会先进很多。她不仅仅会为了几个自己所爱的人而甘心付出，顺带也会为自己周围的可怜人无私奉献，或许她会到慈善机构积极地工作，但并不会到外面去寻找不幸可怜的人，将援助和同情他们视作自己生活的主要任务。道德情感将她用来宣泄善良冲动的行为领域拓宽了，并使她能够更加坚持和深入思考自己的行为；这种驱动的力量继而得到了升华。她的行为可能一直都不公正，因为总是偏爱那些不幸的人。在这个复杂的现代社会中，有些人倾向于用均等、长远的眼光来看待慈善的功能，对于他们，她可能心存不满，毫无耐性；看到那些不幸之人的可怜境况，又无法通过自己的力量解决时，她会大声呼吁政府采取行动；对所有受到执政方略和政治科学影响，做事谨小慎微的律师，她都会表露出轻蔑的神情。如果幸运，她可以一直快乐地继续自己的事业。但她缺少恒定力和适应力，这些只有真正的品格才能赋予。想象一下，如果她爱上一个男人，尽管这个人总体来说理解她的目的，但对于她痴迷的态度，以及她为完成慈善事业本是出于好意，却采用了很多不择手段的方法，这一点他无法赞同。接下来的阶段必然会出现矛盾，不仅仅是他们二人之间的矛盾，还有她自己内心的矛盾，这些矛盾将会摧毁她的快乐，影响她的效率。

想象一下，一个人受到强烈的宗教情感支配而缺少其他一切品格的进一步发展。他的行为必然会在某些程度上反映一些该宗教的道德教义，还包含着某些道德准则，基本所有的宗教都含有这种内容。但他的行为很难保证不偏激、不极端，通过某些形式表现出狂热盲信；他参加宗教活动的形式很大程度上是由自己性格决定的；如果他的性情温和，他可能完全投身于慈善事业；但他的性格可能是其他类型，同样可能成为一个严酷无情的审判者；又或者是不愿再为欲望的斗争劳心伤神，为了消除一切肉体欲望成为一个隐士。

若一个人的主导情感是对领导、君主、将军、政治领袖的高度忠诚，那么他很可能显示出或者具备忠诚于对象的品格。他是由自己所敬慕的领导一手打造的，不加质疑地接受领导的道德评判，坚决执行领导的命令，在任何情况下，他为领导服务、维护领导利益的意愿都将支配整个人。这种忠诚包含着一些令人尊敬的东西；但它可以和恶劣的行为并存；如果领导本身是残忍、贪婪、冷酷的，那么下属也同样会反映出这些品质。

固执己见的形式

下面我们要探讨的个性已经成为一种品格，但是受到了低等自爱的支配，是一种有缺陷的方式。 虚荣的人就是由于思想的贫瘠，以及一种几乎甚至全部由于羡慕他人而引发的强烈自我关注，导致了个人特点不突出，过分在意外表、服装、姣好的容貌和双手、高人一等的言谈举止。关注这些低等内容，实际上是对道德品质的一种忽视。

我们可以将虚荣主要归为两类。第一类来自自我满足的人，他们自信已经拥有了一切自己认为美好的东西，常常因来自他人真实或虚假的肯定和赞赏而感到满足，因而增加了对自我的关注。这类虚荣属于自负的人。与此相对应的第二类虚荣会令其本人不舒服得多，但对于道德进步却有些余地，这是一种不安的虚荣，这种虚荣的人很容易发现或想象他人对自己否定的迹象并且因此感到烦恼。这种虚荣若与易怒的性格相结合，就会形成好斗的品质，使人永远处于焦躁和怨恨之中，认为世界对其从未有过公正可言，如果这个人性格外向的话，他还会大肆地告知天下世界对他多么不公。

对于智慧略高的虚荣之人来说，自我关注令他们所羡慕的是智慧力量，或许是某些特殊能力，比如演讲技巧、机智妙语、谈吐不凡等，并且会促使他长期深远地培养这些能力。不过在此我们必须要区分开自负的人和因不安而虚荣的人。二者的部分区别在于虚荣的人想要拥有其渴望具备的能力，而且倾向于模仿他人。自负的人不会轻易羡慕他人的能力，不会轻易顺从或赞同别人的观点；因此他会更易于满足自己具备的能力，在自以为是中停滞不前。

自负是变化多端的；虚荣是自负的低级或简单形式之一。虚荣在野心中也占据了较大部分。有着壮志雄心的人不会轻易满足于自我关注。来自朋友邻居的欣赏羡慕还不足以满足他。在他的内心，对于赞赏、欣羡和光荣的欲望也占据了支配地位；但他的想法更多一些；他追求的是来自更广范围的赞赏，并且必须激励自己去得到它；他对行动有所计划，会选择那些自己有可能大放异彩的活动去参加，并且会为此而孜孜不倦地努力。如果这一行为可以使他经常在公众场合抛头露面，使他的名字登上报纸，使他的成就成为公众评论的话题，他的野心就包含了一些虚荣的本质；他的自我关注会使他经常想要得到他人的阿谀奉承并且成为一种贪婪的欲望，而且胃口越来越大。因此，演说家、作家、艺术家将自己的作品展示于公众和竞争对手面前等待认可，不论他们的野心有多大，也很难摆脱虚荣的影子。对于性情外向并且野心勃勃的人尤为如此。

那些性情内向一些、比较深思熟虑的人倾向于通过对一些伟大成就的谋划来满足自己的野心，例如得到某些了不起的职权，一个主教职位，一届任期或者一个称谓等；他们的自我满足不那么依赖于实际的称赞和欣赏，而是靠着一步一个脚印实现最终目标。这类人中也有比较极端的例子，有野心的人由于自作主张的冲动，尝试通过私下对其手下发号施令来实现自我满足。尽管他开始是想要通过拥有权力来保证他人的赞赏羡慕，但逐渐他会发现通过行使权力，不需公众认可就可以得到自我满足；并且由于他的做法并未公开，使他的工作更有效率，所以他将一切都在私下进行，对外则保持自己的英明形象。

固执己见的衍生形式

如果对自我的积极关注与对另一人或事物强烈的喜爱之情相结合，那么坚持己见就会变得平和亲切一些。单纯虚荣的人会将对自身的关注衍生到对自有财产和物品的关注上。"我的衣服，我的香烟，我的狗，我的马，以及我的老婆孩子"；所有这些能够激起他人羡慕之情的都是为了他的虚荣心。同样，对于有野心的人，自我关注会衍生到他的双手和大脑所完成的工作：我的书，我的画，我的生意，我的组织。这些自我创造受到人们的认可和羡慕，部分导致了自我膨胀。这种对自我关注的衍生并未从根本上改变它以自我为中心的本质。

然而，如果某一个固执己见的人非常爱他的孩子、家庭、祖国和教会等，那么他的自我会因为某些利他主义的入侵而有所缓和。他的目标有着双重基础；他的行为由两种愿望来维持，以此使他和谐地向前发展，就像一支融洽合作的队伍一样。这样一个爱孩子的人，会为了孩子的成功而感到高兴，会尽最大的努力满足孩子的兴趣；而对于孩子的错误和失败他也没什么耐心。他会鞭策孩子付出更大的努力；但如果孩子达不到他希望孩子实现的目标，他就会满腹责备；如果他的孩子不慎做了不光彩的事情，他会非常愤怒，因为"你丢了我的脸，别让我再看到你"。曾经那么喜爱的孩子，现在对他来说不过是苦涩的回忆。

骄傲这种品质与虚荣和野心二者都有联系。它们的来源都相同，都是由于未经受过失败的自我关注。在比较极端的情况下，它只存在于那些性格中顺从驱动力较弱的人身上。但是，从虚荣的层面来说，骄傲的增长需要一定自然或环境所形成的天赋，取决于虚荣之人所珍视的细枝末节上的个人优越感，如外形外貌、社会地位、穿着打扮、物质财富等。从野心的层面来说，骄傲依赖于权力的掌握，权力是否足够让人达到预期的目标以及能否持续成功地行使这些权力；如果能持续满足这些条件，野心就会形成骄傲，其重要标志就是无法对别人表示尊重和欣赏，在责备、批评、建议和实例面前没有任何顺从或驯服的表现。

大多数道德品质都有其截然相反的对立面；我们所了解的品质名称大多数都仅仅适用于靠近某一极端或其相反品质领域的那些个性。与虚荣相对的是对外表的毫不在意。与野心相对的是不思进取。这二者存在的原因是自我关注驱动力的天生薄弱；但前两种品质的存在则是由于对更深入事情的考虑，就如有野心之人那样；而后者的形成是由于自负或虚荣心得到了满足。

与骄傲相对的是谦逊；这种品质的形成是由于顺从驱动力的原始力量，或者是由于大量的磨炼、拒绝和失败，逐渐导致了一个人对自己能力的较低评估，不断地打击削弱了他自我关注的驱动力。

我们可以将骄傲分为两种形式：一种是被动的骄傲，即满足于他人对自己拥有的品质和财产的羡慕；另一种是更为主动的骄傲，通过行使自己权力和利用已有资源寻求更广泛更响亮的赞誉。二者的本质区别在于天性构造的不同。天性充满活力但内敛的有抱负之人若是真正取得了成功，无需炫耀也会感到非常自豪。性格外向又充满活力的骄傲人士则会不断地炫耀自己，而有些性情易怒者会对他人表现得不屑一顾。

我们也可以将谦逊分为两种形式。第一种是主动的谦逊，属于精力充沛天性好斗之人，在他人的长处面前他会表现得谦虚顺从；但若自己的权益受到侵犯则会表现出强烈的不满，并且他会孜孜不倦地追求自己的目标。另一种是被动的谦逊，或者称其为卑躬屈节更为合适；在任何拒绝和屈辱面前，这种谦逊的人只会低头没有任何不满。这种品质只属于那些缺乏活力和斗争精神的谦虚之人。

品格对品质的影响

品格最简单的形式是在所有道德情感缺失的情况下对纯粹意志力的培养。这一类型的品格或与之近似的品格并不罕见。"活跃分子"，"实干家"，为追求目标不顾任何形象、礼节、道德而不懈奋斗的人都是这一类型的例子。在别人看来他们的目标或好或坏无关紧要；但对他来说这种细微的区别没有任何意义。他想要实现这个目标，这就是对自己最大的支持。说这类人没有道德情感也不完全正确；他有且只有一种。他懂得如何去欣赏、珍视自己，懂得为自己着想，这唯一的一种道德情感即是坚定的品质，是下定决心、坚决行动的品质。拥有这种道德情感可以提高人的效率。这种形式的品格对于性格外向、没怎么受过培养的人来说最容易获得。如果这个人同时是一个精力充沛、头脑灵活的人，他将成为典型的为了某些目标富有效率、坚决彻底、不顾一切付诸行动的人。而追求的是什么样的目标则取决于其原始冲动以及具体情感的作用。他可能成为海盗群体的首领，也可能成为一群无政府主义者的带头人，同样可能是一个党派领导或者一个慈善机构的负责人；只要有任何原因值得他为某个组织耗费时间，他愿意做佣兵队长，也愿意受雇做一名暴徒。只要他形成了强烈的个人情感，那么由此产生的任何期望都会因为其自我关注的强烈冲动而增强。他可能陷入深仇大恨之中，也同样可能爱得不能自拔。

从"君子"身上可以体现出，若没有对行为和品格的思考，品格塑造能够进行到何种程度，同时说明了这种情况下该过程的局限性。在过去那个更简单一些的时代，社会中有规矩的人其行为在道德领域也同样非常高尚，尤其是在此人品行善良、个人情感发展良好的情况下；但他依旧会倾向于做一些粗鲁而放纵的行为；对没有影响到其自身以及所爱之人的错误，他会视而不见；对困难的、全新的环境，他的适应能力都比较差。对这类人来说，本质的限制在于他的规矩只在某些特定的环境下能够用作一套规则或规诫；它并不像理想中的品格那样对任何能够想象到的情况都适用。

"君子"会非常忠实于为其定下的规矩，里面规定了在特定情况下什么是他必须做到的，什么是不能做的；但在这个限定领域之外，他的行为完全取决于其内心原始的冲动以及具体的情感。在其规矩所描述的一切行动中，也就是在他的规矩圈子之中，受到强烈自我关注所形成的动机的约束，他的行为都是严谨而果断的。尽管他可能个性比较胆小，但面对敌人时也不会退却，而是坚定不移地与剑戟抗争；他可能生性比较贪心，但在牌桌上他不会耍诈；内心保护他人的温柔驱动力可能很弱，但当他的朋友受到危险胁迫时，他会忠义地站出来；自己的"信誉债"他一定会还，对待同样的"绅士"他一定有言必信。但在自己的规矩没做要求的领域，他可能是一个浪子、一个骗子、一个小偷、一个背后诽谤他人的小人、一个懒汉以及一个懦夫。

在英国公立学校里，学生的荣誉准则就继承了"君子"的规矩。人们沾沾自喜地认为这代表了发展的自然阶段；但这是一个错误。事实上，全心全意地接受这种规矩会阻碍品格的发展；因为这种规矩消除了思考的必要，使肩负责任的学生不必经过思考做出决定，他们无须评判这种或那种行为的价值；这样一来就影响了这些道德情感的形成，学生们不再通过思考使之形成系统，因而就无法构成理想的品格。

当一个年轻人懂得欣赏并尊重某些品质同时厌恶和鄙视另一些时，当他将自己敬重的品质按其价值排序后，他会自然地想要拥有自己珍视的品质并且在行动中有所表现，同时他会希望自己摆脱掉另一些品质，避免这些品质的任何体现；他渴望赞扬，但他更希望自己能做到值得赞扬。他的自我关注越强，就越会认真有效地依据自己树立的理想来规范行为；每一种与之相符的动机或期望都会因为其自我关注的欲望而增强并保持；任何一种与之对立的动机和期望则会受到自我关注欲望的制止和削弱。

通过这种方式，在一个道德传统优良社会的引导下，人们的品格会逐渐突出并丰富起来，同时还规范了行为，以至于我们只能用好、强、坚定、发达、平衡、平稳、优良这些笼统的形容词来描述人们的个性。这类人大部分自然的过当行为以及性格、性情、脾气方面的缺陷都得到了修正，尽管眼光尖锐的人还是能够有所洞察；他们对于具体爱恨情感的渴望经过了意愿及其反作用力的调整、强化、抑制或者修正；他们的野心降低到了一种附属位置，当他们发现对某些抱负的渴望与理想的需求相冲突时，就会愉快地放弃或抑制这些渴望。

我们不得不提到有些个性特征是野心、骄傲、谦逊或温顺，或者说他的个性受到爱恨或对他人和事业的忠诚的支配。他至高的忠诚是对理想的忠诚；因为理想是他最深入情感的目标，实现理想是他最强烈渴望达成的目标。

我们来思考一个引入了原则的例子。一个男孩的性格以及身处的环境使他有了骄傲的趋势；他生性好斗并且喜欢自作主张，他所出生的家庭非常宠爱这个孩子。由于品格发展不够健全，他很容易变得傲慢；谦逊和顺从对他来说完全属于另一个世界。不过他阅读过有关圣弗朗西斯以及佛家生活的内容，对顺从的品质充满了崇敬之情；因此顺从就成了他理想中的主导品质；他坚定地利用自己的意志力以做到顺从行事；若别人打了他的脸，他会刻意将自己的另一边脸伸给他。他带着想要行事顺从这个骄傲的决心来培养自己的顺从；逐渐这种外在表现的品质变成了他的个性品质，顺从的行为变得容易起来并且逐渐成为一种自发行为；但是，在最后阶段，他可能会从思想上和行动上都克服骄傲，彻底成为顺从的人。

这个假想的例子阐明了通过自我培养将一种品质转变为其对立品质在理论上的局限性。这种彻底逆转一种品质的明显实例在实际生活中和小说中都很难找到，但与其相似的例子并不罕见。我选择的这个例子无疑是最罕有且最困难的。相反的转变，也就是从顺从变到骄傲自信，在智慧较高的人群中常有出现。这是品质补偿过程中对标准的过度调整。思考一下这些补偿中比较极端的例子是很有用的，因为这样可以帮助我们更充分地了解这个过程最真实和重要的影响。

虚伪和追求理想

"虚伪是邪恶对美德的一种赞颂。"或许这种赞颂的存在总好过完全忽略邪恶和美德之间的区别。人皆厌恶虚伪的人；或许大多数人宁愿忍受坦诚的恶棍，也不喜欢虚伪的人。那么，我们应当如何区分虚伪和追求理想呢？难道这种追求不是已经濒临虚伪的边缘了吗？将二者混淆在任何时代都是人们最喜欢用来表达其愤世嫉俗智慧的方式。所以，弄清二者之间的区别和差异是有一定重要意义的。

愤世嫉俗的人模糊了二者的区别，这种区别还受到了当下心理界的赞颂，这是非常危险的现象。一些现代作家跟随荣格博士的步伐，将通过自我培养建立的人格品质称为"人格面具"，这是我们每个人呈现给世界的面具，是掩盖了我们天生本性的面具。为了掩盖自己的邪恶面而带上美德的面具，难道不是虚伪之人的特点吗？我们通过自我培养所建立的品格的确包含一些我们生来不具备的品质；在极端的事例中，我们已经了解了一种天生的品质如何转变成与之相对的品质。那么，我们也有理由将品格这种极其复杂的结构称为"人格面具"；从某种意义上说它是一种面具。那么，它与虚伪的人所戴的面具有什么区别呢？

它们的区别很容易用语言来界定。虚伪的人渴望自己看起来具备美德或者某些好的品质；追求理想的人渴望拥有这种品质，将它变为自己的东西并融入自己的品格之中。虚伪的人毫不在乎自己是否拥有美德，只要在别人看来他已经具备就足够了；事实上，如果上天将美德作为一种礼物赠予他，他并不会接受；因为具备美德将会妨碍他追求自己的目标。而品格高尚的人很少或完全不在意别人是否能从他身上看出他所珍视的品质。

但也有处于二者之间的例子；在这些例子中，不论是在某人自身还是在其他人身上，区分虚伪和追求理想就不那么容易了；保持始终行走在完全坦率的大路上并不总是那么容易的。前面提到过，对赞扬的渴望要先于对做人值得赞扬的渴望，这是品格发展中一个正常的阶段；也就是对于正在经历这个发展阶段的儿童来说，虚伪和追求理想之间的区别很难分清。在这个阶段，年轻人正处于人生道路的岔路口上；如果他不是一个非常坦率诚恳的人，他很容易失足走上虚伪的道路。在这个阶段，传统的宗教影响非常危险。符合宗教习俗的外在行为可以很轻易地得到赞扬，并且使人看起来似乎具备了美德；同时这种行为还让人自己也愉快地相信他已经拥有了美德。

如果这个年轻人正努力获得他目前不具备的东西，那么他应该如何避免假装拥有了自己没有的东西呢？世界总是给予有罪之人更多的同情，也许是由于这个困境的真正本质，正是因为很少有人能完全逃脱这种危险，所以圣洁的气息并不完全是美好的。

第三部分
性格提升的建议

第十一章　写给父母的建议

律人要先律己

真正具有说服力的是你的行为而不是你的话语。

"在疼爱孩子方面做到自我控制是在孩子面前树立权威的条件。要使孩子在我们身上找不到任何可以利用的软肋和脆弱之处，使他们感觉没有能力欺骗或是扰乱我们；这样，他们就会觉得我们天生就是高于他们之上的，我们对他们的疼爱就会有非常特殊的价值。孩子敢向我们发脾气、表现不耐烦、和我们吵闹就是因为他们觉得自己比我们强势。要知道，孩子只尊重力量的权威！母亲应该把自己看作是孩子的太阳，永恒的天体而且永远光芒四射；在这里，调皮的、喜怒无常的、活力四射的、三心二意的、热情的抑或是易怒的孩子都可以重新获得能量，获得光和热，变得安静和坚强。母亲代表着美好、天命和权威，也就是说，母亲是上帝接近孩子的纽带。母亲要富有情感，要会教导这些任性、专横的孩子，善于化解几个有争执的孩子之间的矛盾。孩子的信仰取决于他们自身生活的方式，而不是他们父母的说教方式。指导他们生活的潜意识的内在准则确切地说是他们日常所触及的东西；父母的说教、指责、惩罚或是训斥对于孩子来说无异于一场轻喜剧或是轰轰的几声干雷。孩子所膜拜的是那些他们可以通过直觉预测到或是感觉到的事物。

"孩子通过我们想让他们成为的样子来认识我们，这就是为什么孩子总是善于记住别人的赞美之词。他们的认识能力会通过父母中的任一方延伸到力所能及的最远处，达到可以交际的极点。他们懵懂地接受着每个人对他们的影响，依照自己的本性对其转换后再表现出来，这就是放大镜效应。这就说明了为什么教育的首要原则是：教育者要首先提升自己；控制孩子的意志要遵循的首要规则是：首先成为你自己的老师。"（阿米尔）

在人的一生中，我们所知道的最重大的责任莫过于为人父母。婚姻是一门学问，它可以培养我们的性格，丰富我们的性情，但只有包含着父母和孩子的家庭才是真正完美的一所性格学校，父母双方不仅可以相互学习，还可以向孩子学习，在这一点上，独生子女家庭就存在很大的缺陷。本杰明·富兰克林就告诫他的年轻朋友，在选择妻子时，要选择出身多子家庭的女子，这一建议是很有道理的。独生子的缺陷和不足之处是众所周知的，独生子女就会以相似的方式经受较少的生活磨砺；由此可以得出这样的结论，少于四个孩子的家庭一定是不完美的家庭，但是一旦孩子超过了六个或是七个，各种害处也就随之而来了，多子所带来的好处也就不复存在，那么，这样看来五个或是六个孩子才是最佳的选择。可是，几乎所有出身多子家庭的未婚的人，一想到怀胎生育要承受的痛苦和要做出的牺牲，就不会再有多要孩子的念头了。

幸运的是，这个最佳的孩子数目是每一个健康女人都可以承受的，不会消耗她们太多的气力；父母能从孩子那里获得许多可以丰富性情的东西，这点也是值得庆幸的，这可是他们付出那么多辛苦操劳之后获得的主要报酬。那种小看父母的角色或是不认为父母难当的行为是不明智的，父母要想出色地完成为人父母的责任和义务就必须付出许多努力和牺牲，多数情况下，还要承受许多令人心碎的失望和悲伤。身体懒惰、内心自私的人应该避免结婚，因为这种人不可能会喜欢"为人父母"这项工作；既然不喜欢，他们也就不会做得很好。

在我的理想国度里，就像柏拉图在这一点所持的观点一样，"父母身份"应该被看作一种特权，只允许给予那些方方面面——无论是从个人品质还是家族历史来看，都有资格获得这一特权的人。如果这一特权的给予是出于对未来市民的幸福健康考虑而不是出于个人的任性或是一时兴起，那么我认为约有一半的当代成年人都不具备获得"父母身份"的资格。毋庸置疑的是，这么多没有资格的成年人，一般说来，只有在不用承担婚姻和家庭责任的情况下才会比较幸福。然而，我的理想王国和柏拉图观点的还是有很大不同的。在我的理想王国里，孩子不应该一生下来就交给国家来养，在国家育儿院或是学校里接受教育，父母应该为孩子直接负全部责任；税收和薪水也要做适当的调整分配，以确保父母不缺乏基本的物质生活资料，不必为了迎接下一个孩子的降临就省吃俭用，甚至不能满足第一个孩子健康生活的必需品。一旦这些人承担起为人父母的责任，就应该被看作是在为国家而从事一项崇高而又光荣的事业！

在这样的国度里，市民会竞相行使结婚的权利，赢得"父母身份"的荣耀。他们会认真对待"父母身份"所要承担的责任，并为这些责任做好精心的准备；在孩子成长的每一个阶段，他们都会发挥自己的创造至极致使其充满神奇和乐趣。

我们距离这样的理想国度还多么遥远啊！在现代社会里，父母越来越多的行为动机都在表明他们想要逃避他们的主要责任，他们把孩子委托给自己或是国家雇佣的人，由他们来承担教育孩子的义务。在那些富裕的家庭里，孩子一般都是交给一位年轻的女仆来照管。这样的女仆一般都是社会阶层低下，只是接受了初级教育的人；孩子父母对她的个性还会一无所知，但往往她都是那种缺点遍布全身，行为怪癖的人。之后，在尽可能早的年龄，孩子就被送到寄宿学校，父母只能在短暂的假期里才能见到他们。即便如此，父母为了让孩子保持"乖乖的"，也就说，为了不让孩子给他们惹麻烦，不让孩子认真地对待生活、发现看似美好的假期生活可能潜在的任何不快和矛盾，他们就给孩子提供大量的娱乐玩耍设施。在最近几年，这短暂假期的接触机会，在多数情况下，也会因夏令营之类的活动而减少到极点。事实上，所谓的夏令营只不过是寄宿学校生活的继续，所不同的是，在这里，原来学校生活的全套程序是以更加杂乱、任意的方式组织起来的。

作为小孩子的父母，我们应该意识到童年的短暂。仅仅短短的几年之后，这些机灵古怪的小东西就会长成和我们一样的男人和女人。当我们回首这几年时，我们会为它的短暂感到吃惊和悲叹，我们会为和孩子分离的每一天感到遗憾，会为没有能充分利用"父母身份"这一特权的每一时刻、没有能充分利用那些充满快乐而又大有裨益的相处机会而感到悔恨不已。要是可能的话，谁不想成为神仙而使时光倒转呢！可是，还是会有许多父母不能认识到这一生仅有一次的父母角色的宝贵！想一想，你能够和天真无邪、完美无瑕、新生的天使般的"小东西"结伴而行；你能够保护、引导他们；你能够分享他们的快乐和分担他们稍纵即逝的悲伤；你能够为他们疗伤，为他们寻求快乐的源泉；你能够看着他们朝起晚宿，迎接全新的一天；你还能够看到这新生的力量展翅翱翔；你还清楚地知道在这个伟大的成长过程中，你发挥着既重要又有价值的作用——所有这一切都会让你充满幸福和快乐之感的！但是，我们当中的许多父母还是会花大把的时间去打高尔夫或是玩桥牌，事实上，这大部分时间本是应该用来塑造我们所创造的"小生命"的，这可不仅是一项神圣的工作，还是一项最有收益的工作啊！

本章开头引用的那段话是很正确的，父母应该认识到这一点。孩子受他身边人的影响而形成自己的性格，这一形成过程还涉及数以千计的微妙加工，只是在大多数情况下，这些加工过程是随机的、无意识的。父母，要是自信，就会明白其能给予孩子的最大恩惠其实就是成为孩子的伙伴；要是在这一点上，他们都不自信，那他们就不应该为人父母。

虔诚是一种传统美德。长期以来，在塑造每一代人的成长过程中，以及在物质进步带来的各种生存压力下，防止人类文明腐化方面发挥了强大的作用；可是，看一看，孩子现在生活的环境，这一传统美德的影响力已无处可寻了。在现代生活日益机械化、浅薄化和模式化的情况下，我们的生活依旧可以持续下去；生活当中依旧存有那么多魅力、美好和崇高；患焦虑症、抑郁症和郁郁寡欢症的人并没有增多；自杀和犯罪的比率也并没有升高。我们不得不对这一切感到惊奇，不自觉地会为这一切寻求超自然的解释力。

要抵制住这一倾向，不要再苦心寻求任何超自然的解释力了！现在的孩子是失去了以前许多美好的东西，但现代的生活环境也对他们做出了更大的补偿。首先，他们的自尊心从一开始就免受了"性本恶"这一有害学说的危害。他们的健康成长是基于"性本善"这一假设之上的，只要他们所生活的社会是一个组织良好的有机体，他们就会自然地去追求真、善、美。这一点就大有裨益。第二，父母也认识到不应该再靠痛斥、吓唬或惩罚来压制孩子脆弱的想象力，迫使孩子沿着他们设定的方式生活。第三，孩子现在很容易接触到各个领域的人，这样，他们就可以自己选择自己真正需要的东西；文学、艺术还有现代便捷的通信和交通设施在这一点上是功不可没的。第四，孩子生活的物质卫生环境得到了很大改善，他的健康水平也就会相应地得到提高，这一点可是一笔很大的补偿！

我只是用一章，而不是开一个专题，来讨论我们现在的这个话题。在这里，我只谈及那些在我看来需要特别强调的几点，对前面几章中比较概括的讨论做一些补充。

作为父母，我们可以而且应该在塑造孩子性格的过程中付出很大努力，但是我们也必须切实认识到在我们面前的有生命的有机体，这些有机体的基本构成元素、根本的价值取向和品质是天生注定的。现在，就有这样一种古老的学说在广泛流行，即：孩子天生就有无限的可塑性，可以依照我们的意愿对其进行塑造。这就是所谓的"白板说"，认为孩子的大脑是一张白板，我们可以随意地在上面涂抹。神学家认为人生来就是有罪的，就是要犯罪的；在反对这一神学观点的第一次热潮中，约翰·洛克（John Locke）提出了上述的"白板说"并使之普遍流行。但是，现代科学在探寻人类真实祖先的过程中，却发现人类的本性具有不可磨灭的进化痕迹，它确实是从较低级的生活模式经过数千载的加工过程才得到提升的。你可以而且不可避免地会对你孩子的性格形成产生很大的影响，但你却无法改变他们的本性；正如我们看到的那样，性情和脾性是天生的，我们可以对其加以修饰、完善或是损坏，但却无法彻底使其改变；甚至，有些情感在某种程度上来说也是天生注定的。可以肯定的是，孩子的智力水平、记忆力、对美的敏感度以及某方面天赋（比如音乐、算术等）的发展程度都是天生的。

那么，我们就必须接受"孩子是天生的"这一事实，做好充分利用他天分的准备，尽可能地看清他的本性，根据他的不同需求来调节我们的影响力。一定要时刻铭记，成就一个孩子或是一个人的首要目的是要使他尽可能幸福、高效地生活，而不是其他。

幸运的是，正如我们看到，幸福和高效基本上总是携手并行的，这样就不会有结果不相容或是目的相冲突的情况出现；大量的生活实践事实都证明了这一点。不要在你的孩子还躺在摇篮里时，就为他确定未来职业的类型；不要仅因为你喜欢，就下定决心使你的孩子成为"某某"。想要使你的孩子痛苦或是想要破坏你们之间的感情，最简单易行的一种方式就是试图迫使他从事他不喜欢的职业。值得庆幸的是，现在，那种强迫"子从父业"的愚昧行为已不像以前那么普遍了；要是父亲是个成功人士，男孩子就极容易被诱惑，去选择一个和他父亲相似的职业；可是，要是父亲本身在他所从事的职业上就是不成功的，只是希望儿子能为他挽回局面，就迫使儿子从事相同的职业，这种行为就未免有点太残酷了吧！

不要对你们的孩子期望太高！所有的父母都有很多希望，总是希望能在孩子身上找到超过他们自己的才华和美貌。你们可以希望，但你们没有权利期望！要是你们所希望的卓越才华没有出现在孩子身上，你们就伤心失望，那你们就是愚蠢的；要是你们还把你们的这种伤心失望呈现给孩子，那你们就是不公正的、残忍的。作为父母，你们需要特别注意这一点！要是上帝赋予了你们俩或是你们当中的一个一些超凡的才华，你们就要明白，根据回归于一般化或是平均化的进化规律，很有可能，你们的孩子就不会像你们一样也被赋予脱俗的才智。父母要为孩子严重的身体或是智力缺陷承担不可推卸的责任，这才是最值得父母伤心失望的事情，要是你们无须承担这一责任，你们就应该心存感激！

马可·奥勒留就曾告诫他自己：不可对别人做出超出本能的苛求。在对待我们的孩子时，我们也应该遵守这一行为准则：不要对他们要求太多；否则，我们就会使他成为叛逆者、伪君子或是受责任役使的奴仆。作为父母，你们的责任就是让孩子成长，为他们提供尽可能好的成长条件；为他们提供生活必需品；使他们免受伤害；尽你们所能为他们营造一个符合他们天性的道德环境，以便他们能够从中只汲取美好的东西。在培养孩子的品味时，不要太着急也不要太主动。或许你们是热爱读书的人，坚信文学的教育性价值，可是你们的孩子却对各种文学都不感兴趣，只是对各种琐碎的小杂物偏爱有加。你们要怎么办呢？你们应该在他的周围放满有趣的书籍，不放过任何让他翻阅这些书籍的机会；此外你们也要谨慎地对某本书及其作者发表赞誉之辞。孩子会不好意思抗拒你们为他选择的每一本书，他还会把你的某种赞誉之辞当成是对他的警示。你们可以试着对着他大声朗读这些书籍，或许每次他都会很快坐立不安、打瞌睡或是找个礼貌的借口逃开，但是不要担心，也不要强迫他，更不要为了诱惑他读巨著，就给他大奖赏。我就知道这样一个人：他已经好多年都没有青年时爱读书的习惯了，但就是为了得到他那不明智的父亲提供的那一大笔金钱奖赏，硬是死读了一部历史巨著。不是每一个人天生都是适合学文化的，即使是没有阅读品位的人，也是可以幸福、高效地生活的。即使你的儿子到了上学的年龄，却对学习任何书本知识都表现出很少的天赋，你们也不必担心，也不要使他为之忧虑。

在某个高技术领域，要想代代都能保持一个标准，都能满足生活的所有需求，就需要坚持不懈的努力并具有一些超凡脱俗的天赋，因此，不要指望家庭的每一个成员都能满足这些要求。要知道，无论是体力劳动者还是脑力劳动者，至少他们拥有幸福、体面或有意义生活的机会是等同的。和那些能力有限的、低效率的高技术人士相比，这些高效率的农民、裁缝师和木匠工，一般说来，是更幸福、更有用的社会成员。因此，要是你们孩子中一个或是几个有要靠体力劳动维持生计的前景，你们就要做好平静地看待这一前景的准备。总之，要是你们的儿子无论如何都不具备成为高技术人才的条件，不要使他为此觉得自己就是个失败者，是家庭的一大耻辱。在社会等级中，我们可以选择的位置是绰绰有余的；

能在社会等级中高高在上，当然是可喜的，也可以把这当成一个正当的理想进行追求。但是，若要为实现这一理想，就不惜牺牲幸福、舒适、满足感甚至其他一些更重要的东西（许多人确实都是这样做了），那就是极端的愚蠢行为了！

对我们的女儿也应该给予相似的考虑。我们想看到我们的女儿嫁个好人家，这也就是意味着：希望她能嫁给一个社会地位比她稍高的人。但是，我们既不应该把这一点当成我们许可她婚姻的条件，也不应该使她把这一点当成自己择偶对象的必备条件。

就是这种不理智的过分看重社会地位的苛刻理想在促使众多高技术阶层的父母残酷地强迫他们的孩子。先是，迫使孩子在非常幼小的年龄学习一门或多门外语，接着就是无情地迫使孩子以不正常的方式进行书本学习。一旦愤怒的上帝对父母这种愚昧、自私的残酷产生了憎恶，年轻的孩子彻底崩溃或是成为叛逆者，父母就只能自作自受了！

去促进或是以某种方式诱使早熟是一种十分严重的错误。如果一个孩子生来就是早熟的，依然让他享受各种童趣、参加户外活动、和小朋友们一起嬉戏或是远足旅行、自由呼吸乡间清新空气或游览乡间美景和名胜古迹，他会变得更加成熟、稳重。事实上，孩子成熟得越晚，他各方面能力也就发展得越健全。没有比诱使成熟更糟糕的事情了！正规类型的大学教育的主要价值就在于，尤其是对女孩子来说，它能延缓成熟期的到来，延长人的青年时期，延长人自由自在发展成熟的时期。

本章开头引用的阿米尔《日记》中的那段话具有深刻的意义，它高度浓缩了父母应该承担的各种义务和责任。人们常说：旁观者清，当局者迷。阿米尔就是这样一位生活的旁观者，他的那段话所要传达的实质性内容就是：作为父母，我们要以身作则，完善自己，要求孩子做到的，我们自己也要力争做到。一个粗心大意、冷漠自私成性的人，是不会突然转变而成为孩子的好伙伴的。高尚的品格是一个家族最宝贵的一笔遗产，它是可以代代相传的，只是在相传的过程中，每代人都会对它进行微妙的加工。

使我们的生活在各个方面都优于原始野蛮人的是一种道德传统，这一传统是经过逐渐积累和完善才形成的。家庭是这一传统的主要承载者和传播者；要是没有这一传统的存在，每一代人的生活都要重新开始，从远古生活的起始点开始，每一代人都会像是未经教化的野蛮人，满眼充满恐惧地审视着周围的世界，对好坏、善恶也一无所知。

本章开头的阿米尔的那段话对父母应该为孩子做些什么以及父母应该在哪些方面有意识地对孩子进行有利的激励做了简要的说明，现在，让我试着对这两点加以补充。我将就简单淳朴、社交能力、敬慕、独立自主这四点做些阐述，这里，每一点注重的都是具体的实践行为而不是讲大道理。

简单淳朴

虽然有教养的孩子应该拥有诚实、真诚、善良及慷慨大方这些优秀品质，但是也没必要对这些品质大加赞扬，对这些品质的对立面进行公然的抨击。孩子需要的是一个真实的现实生活环境，在这里，万事万物都会彰显它们本性中不好的一面，甚至有些事物本身就是邪恶的，父母不应该总是把好的一面强加给孩子。无论何时需要对某种道德品质进行分析时（作为一种对比区分的辅助手段，这样的分析是必需的也是可取的），最好是结合、援引故事、现实生活或是历史中的人物和事件，采取发表评论的方式展示给孩子，而不是毫无根据、空口无凭地发表颂扬、赞美或是指责之词。

这里要说一下父母诱使孩子养成不良行为习惯的问题，虽然这种错误是父母稍加思考就可以避免的。举一个例子就足以说明这一点：假如，这里有一位严厉、正直的父亲，一天，他发现家里某样东西被弄坏了，很明显，是他的某个孩子做的；不幸的是，这一破坏行为还违反了他们家明令禁止的某种行为准则。这位父亲就大发雷霆，浑身上下都充满了理所当然的气愤："谁弄的？我今天必须查清楚。约翰，是你吗？（因为约翰当时满脸通红）给我说实话。"约翰被吓坏了，既害怕又害羞，他惊慌失措了，说谎对当时的他来说是最可行的方式，他小声说："不是我。"就这样，他第一次说谎了。可是这位父亲的怒气还未平息，犯了一个大错误了还要接着犯错误。已经迫使约翰撒了谎，他还要接着对他横加指责，用一种近乎义愤填膺的口气，对这可怜的犯错者进行大肆地嘲讽和蔑视。约翰呢，自尊心受到了打击，对父亲充满了怨恨，产生了叛逆心，就会不思悔改，也就不能够保证以后他不犯同样的错误。他能做的只是流着泪感伤父亲的冷酷和不公正。

结合这一点，我要对"服从"这一被高估的美德说上一两句。成千上万的道德学家都对这个话题展开过谈论，先不说这些谈论的价值和理据，他们却都是在郑重地重申着这样一句古老的格言：只有先学会了服从的人才能够进行统治。这些道德学家们会不懈地探究各个时代的统治者诸如：亚历山大大帝、尤利乌斯·凯撒、拿破仑等在做统治者之前是否也曾学过"服从"。"那些能统治的人之所以能统治是因为他们具有不服从的勇气和创造力"——这才是比较接近事实的真理。在这一点上，我们可以从霍雷肖·纳尔逊（Horatio Nelson）那里引用一个恰当的例子，他曾说道："一个错误越严重，这个错误中蕴涵的真理也就越多。"值得庆幸的是，这句错误的话还包含着这么一丁点真理：懂得自我控制是一个统治者必备的品质。

就因为服从的孩子会让大人很省事，"服从"已经被吹捧成为孩子的一种主要的美德。但是，服从的价值依赖于服从背后的动机，纯粹机械的服从是愚笨、缺乏主动性、缺乏精力和愿望的表现；由于害怕而产生的服从比叛逆还要糟糕得多，借助恐吓来使孩子服从的行为是触犯了孩子本性的一种罪过。那种借助恐吓来让孩子服从的父亲或是母亲是和旧时的动物训练师没什么两样的。令人欣慰的是，父母的这种恐吓行为已经过时；现代的父母采取一种残酷的恶棍般的手段，"我要逮到你，我会拧断你的小脖子的"——这是他们怒吼叫嚣的话语。我们应该清楚，在我们增加各种规则和禁令条款的同时，我们也在增加违反这些规则和禁令的机会，增加犯错的概率，孩子的自尊和坦诚受到破坏的风险也在增加。"无论是谁，只要违反一条规则或禁令，就要把他扔到地狱的火坑里去！"

我不是说不要惩罚，很可能某种惩罚有时还是必不可少的。在某些情况下，甚至还要进行体罚，那就直接采取行动，不要进行威胁或恐吓。只是惩罚的力度应该尽可能地和所犯错误的严重程度相匹配，也就是说，力争做到所受的惩罚是所犯的错误理应承担的后果。

另一种会使孩子的坦诚受到破坏的比较隐匿的方法是通过各种处罚手段，让孩子对你产生不是发自内心的友善和友爱。举个例子来说吧，在一个托儿所的茶会上，"哎呀！我们忘记了，昨天是奶奶的生日。这可怎么办啊？"大伙都开始焦躁不安起来，他们想到的不是一位老妇人孤单地坐在那里，因被遗忘而略带感伤的动人场面；而是她的生气和责骂（因被剥夺了权利）以及颐指气使大发雷霆的模样。孩子会记起你不是因为爱你而是因为怕你！

既然坦诚意味着不欺骗，坦诚也就成了简单淳朴的题中之意。各种欺骗都是后天习得的，可是简单淳朴却是天生的一种本质。作为父母，我们的主要任务就是使孩子远离那些引诱他们进行欺骗的各种环境。所有那些没有必要的使简单问题复杂化的行为都具有这种诱惑力：物质财富的多样化、规则禁令的多样化、各种防范措施和娱乐设施的多样化、服饰和食物种类的多样化、奖金和奖赏形式的多样化，所有这一切都是引诱孩子欺骗的因素。

来看许多父母都会有的一种最不可取的复杂化行为吧。这样的父母会为孩子的身体健康表现出过分的忧虑，他们总是担心孩子的安全，担心孩子会生病，担心孩子会有危险。可后果不外乎有两种，一种是孩子也养成了为他们自己担心和忧虑的习惯，变得懦弱、内向、爱挑剔；另一种是出于叛逆，他们变得近乎病态地鲁莽。没有父母这些担忧的干预，正常的孩子都可以发育良好，都可以将谨慎和大胆进行完美的结合。与其让孩子一生都满怀不必要的担忧生活，还不如让他们在成长的过程中多经历些跌打损伤，更何况这种杞人忧天的性格还会遗传给下一代！

许多有钱的父母伤害孩子、剥夺孩子淳朴天性的一种方式是无休止地提供给孩子各种娱乐设施。在美国，父母这种欠考虑的善意行为已经造成了极坏的后果，尤其是对年轻的女孩子。很多父母都把"女孩子应该玩得快乐"这一一般性要求当成他们的首要任务，很自然地，"玩得快乐"也就成了女孩子自己的一种唯一的先念。小小年纪，父母就让她们享受各种娱乐设施，让她们熟悉各种放纵方式；很快她们就会觉得这个世界，除了性刺激之外，应该不会再有任何别的刺激的可能了。在本应该对这个世界充满好奇，进行不断探索，寻求各种刺激、风险、新奇、快乐和激情的时候，她们却早已对这一切产生了厌倦！

社交能力

社交能力本身就意味着能够平易近人、体贴周到，能够甘心为别人的利益付出自己的一些努力，有一定的适应性，能够理解他人，做好了索取和给予以及遵守游戏规则的准备。在这一点上，家庭环境仍旧发挥着决定性的作用，但是仅仅有家庭环境还是不够的。只有通过和家族之外的人进行接触，社交能力才可以得到充分的发展。在一个十分孤立的家族团体中成长的孩子，要么是个畏缩者，不愿和外界的任何人接触；要么就会产生一种不正常的强烈愿望——极力想和外界人为伍。

如今，我们都知道压制或是阻碍本能发展会有许多危害，但是针对这一点，我们必须进行区别对待。只有那些被诱使起来的本能（即使是被高尚化的）受到了压制，不能够得到满足时，我们才会有麻烦。生活在当今这样的环境中，各种对群居倾向的诱惑几乎是不可避免的；我们不仅亲耳听说过也亲眼看见过我们周围成群的人都在搬来搬去，要是出于不好意思或是法律禁止或是其他的一些原因，我们不能够像他们那样，我们就会有一种被排除在潮流之外的感觉，就会觉得不自在。使孩子既不会形成孤僻避世的性格也不至于变得过分群居化，是需要父母认真把控的一项责任。在这一方面，伴随着孩子长大成人的各种游戏是大有裨益的，游戏本身即是社交集聚的目的也是社交集聚的手段，甚至在其他诸多方面，游戏都具有很大的价值意义。

游戏的精髓就是我们都会自愿地接受并遵守游戏规则，我们这一行为本身就是一条重要的行为规范。我们常常会听到这样的说法：现代的女孩子在许多方面都比她们的妈妈或是姥姥，在同样的年龄阶段，优秀得多；可是，这一点主要应该归功于游戏的影响力，她们如今可以自由地参加各种游戏。看一场四个年轻女孩子一起玩的网球赛，你就会发现她们是怎样不顾游戏规则随意玩耍的，可是在过去，这些游戏规则只能被严格地遵从。

游戏的另一个好处就是它能够让孩子和家长处在同一个基点上，无论老幼都必须遵守游戏规则，即使是最年幼的孩子也有权要求坚持这一点。在游戏中，父母任一方要是利用他的身份优势去藐视这些规则或是总是设法有意地让对手获得意外的优势，那他就是在错失一种宝贵的平等机会；要是他已经使自己沉溺在这种小欺骗当中，他就真的是无药可救了——还是趁早悬崖勒马比较好！高尔夫这种游戏有一种严重的缺陷，那就是：一般说来，它不是一种能让孩子愉悦地玩耍的游戏，更像是父母为了逃脱父母责任而采取的一种手段。

像对待任何别的事物一样，在游戏中，我们也要遵守简单化、中庸化的原则。要知道，我们的爱好或是满足爱好的程序越复杂，我们就越容易受到伤害。

在培养孩子的社交能力时，让他们和老年人一起生活接触是很有必要的。对他们来说，让他们和别的孩子一起生活玩耍比纵容他们群居强不了多少。无论是对年轻人还是对年老人来说，不同年龄阶层的人之间的社会交往都具有很特别的价值意义。美国当今的社会生活就有一种令人遗憾的特征：很明显，它是在依据年龄进行社会阶层的划分。在和老年人的接触过程中，孩子可以从他们身上学到很多从别处学不到的东西；一个小男孩要是能和许多成年人以及他所尊敬的老妇人（老妇人一般都很容易获得尊敬）保持很友好的关系，那他就可以在青年时期避免很多愚蠢的行为。

无论是女孩还是男孩，不管他的成就多么斐然，他获得了多少荣誉，只要他认为和老年人的相处是索然无味的或是令人厌烦的，他就是没教养的！

恰当地区分浪费时间和精力的社交过度与不当的避世归隐行为一直以来都是一件很棘手的问题；每个孩子都需要帮助才能找到它们之间的平衡点，但是，记着，要根据每个孩子的性格选择合适的帮助方式。

家庭的主要功能之一就是能为孩子提供一个接触各个年龄阶层的人的场所，在这里，他们出于主人身份，就要承担起表达友好和体贴的义务。至于说，当家庭已经被破坏或是不复存在时，孩子这方面的培养以及其他许多方面的培养应该怎样实现？我们还无从得知！

无论对女孩还是男孩来说，让他们有规律地做一些日常家务也是家庭教育中最有价值的一部分。在这一方面，和英国上层阶级家庭中的孩子相比，美国的孩子占很大的优势。在这种分工明确的英式家庭中，压根儿就没有孩子可以插手的事情，训练有素的殷勤的仆人把一切都整理得井井有条，孩子几乎不可能找到需要自己动手的地方。女孩子只能待在闺房中赏花刺绣，男孩子从不会踏入厨房，对各种家务活都一无所知，也压根儿不会考虑仆人们为了使他满意付出了多少辛劳。所有这些生活行为都使他们丧失了习得其他一些美德的机会，诸如：学会乐于助人、体贴周到的机会；学会相处，学会相互感激和欣赏的机会以及增强适应力、承受力和理解力的机会。

敬慕

沃尔特·佩特说过："灵魂的真正价值要看它在多大程度上能用于敬慕别人。"

李克也曾说过："强烈的、理智的敬慕确实是提升道德的最好的方式之一。"我们可以对李克的话加以修正，直接断言："敬慕是提升道德的唯一的方法。"只有通过对真善美产生的敬慕之情（对真善美以及它们的现实体现物产生这一情感），我们才会产生一种愿望，一种想拥有这些美好品质从而使自己成为真善美的体现者的愿望。敬慕总是夹杂着亲切、感激和敬畏这些情感，最后升华成为一种崇敬之情，因此，敬慕确实是我们所有智慧的源泉。

父母的影响力是基于尊敬的。从某种程度来说，孩子会对他们所尊敬的人表现得很温顺。不含尊敬的爱是可能的，也很普遍，但是被爱却不被尊敬的父亲或是母亲是没有影响力的，而敬慕还包含比尊敬更丰富的内涵。拥有孩子敬慕之情的父亲或是母亲对孩子成长的好坏具有无穷的控制力；当然，敬慕之情可能只是源于某些特殊的品质，比如：力量、美貌、智慧、博学或是技术的娴熟。起初，源于某一种品质的敬慕之情会扩散到所有其他的品质当中，但是当有明显的缺陷和不足存在时，孩子就会学着区分，会把值得敬慕的品质从其他品质中分离出来，这样，父母的影响力也就会减小到微乎其微的地步。

当然，要是父母故意吹嘘使孩子对他们产生敬慕，他们这种行为的目的反而很可能不会实现。在这一点上，父母双方理应相互帮助。父母任一方都可以向孩子指出另一方身上值得孩子拥有的行为或品质，但是要结合具体的行为表现而不是空口训诫。"熟悉衍生蔑视，即使不是蔑视，也是视而不见。"这一古话还是具有一定道理的，我们就是易于无视那些我们十分熟悉的事物。孩子，是一些孩子，能够接受我们大量慷慨仁慈的爱和牵挂而压根儿不会意识到这些爱和牵挂的存在，因此，感激和敬慕也就无从谈起。要是一位值得敬慕的父亲或是母亲，只因习惯了默默无闻、无私奉献，不具有张扬的品格，就成了他们孩子的好脾气的发泄对象或是半遮半掩的蔑视对象，这种事情也太令人伤心了吧！

那些赢得了孩子敬慕之情的父母几乎都会引领他们的孩子去敬慕那些他们自己敬慕的事物，没有任何纯粹的智力启迪能够取代这一情感的影响力。苏格拉底和柏拉图通过"知识就是美德"这一断言就把"唯理智论"根植到欧洲文化的心脏中了，但是从他们那个时代至今，这一说法就被认为是严重错误的，是一剂毒药。

让我们来看一下，极具洞察力的现代思想家亨利·阿米尔是怎样看待这个问题的吧。在读过一些新黑格尔学派作家的作品之后，阿米尔在他的《日记》中写道：

这些作家使人回想起上个世纪的一个哲学派别（即：唯理智论流派）。这个派别却因过分依赖情感、本能和意愿而无法存在，因过分强调论证和理据而瓦解。在这一派别中，哲学知识作为一种现实力量自居，完善智力就是救赎心灵，也就是说，知识就是一切。不过，是这一派别使我懂得了理智主义和道德主义之间的根本区别所在。这一派别认为哲学能够取代宗教；在它的宗教信仰中，人和人的智力顶峰也就是人的思维才是世界的本原；因此，这一派别的宗教信仰也就是思维的信仰。

以下是两种信仰模式：基督教通过鼓吹意志的解放来实现人类灵魂的救赎；人道主义则是通过思想的解放来达到这一救赎。前者抓住了人的心，后者抓住了人的大脑。两种模式都想使它们的思想传达给人类，但是却是两种截然不同的思想，这种不同如果不是通过内容表现出来的，至少可以通过其内容的布局或是通过给予其某种内部力量一些表现优势表现出来：基督教认为思想是灵魂的喉结，而人道主义却认为灵魂是思想的低级状态；前者企图通过改善来给人以启迪，而后者通过启迪来实现人的完善。这就是苏格拉底和耶稣的不同之处……美是什么？人是如何真正成为人的？人之所以存在是出于责任吗？创造、获得财富、行动和思考，哪一个才是人类的最终目的呢？如果知识不能产生爱，那它就是匮乏的。然而，知识只带来了斯宾诺莎（Spinoza）的那种使人理智化的爱，发着光却没有热量，崇高、乖顺却不人道，因为这种爱几乎不能传递，而且还会以一种特权、稀有之物自居。人道的爱会把个人置于集体之中，它至少在原则上是具有救世意义的，体现了生命永存的精髓。爱是潜在的知识，但知识却不是潜在的爱——这句话就揭示了上述两种信仰模式的关系。因此，通过知识或理智的爱来实现救赎的信仰是比不上通过意志或人谊的爱来实现救赎这一信仰的：前者可以解放自我，摆脱唯我主义思想；后者促使自我置身于自我之外，使其变得积极、有活力。一种是批判的，赎罪的，消极的；另一种却是充满活力的，丰富多彩的，积极主动的。知识，不管它本身是精神方面的还是物质方面的，与人道的爱相比，它都是浅薄的。道德的力量才是极其重要的。

可是，道德的作用只能通过道德的力量实现：相似的事物只能对类似事物产生影响。因此，不要企图通过理论来达到完善自我而是要通过客观实践；不要想着靠谈论某种感情就能唤起某种感情的产生，不要期望空口说爱就能产生爱。努力成为你想使别人成为的样子！让你的行为，而不是你的言论，来进行说教！

要是还有人怀疑情感感染力在培养孩子情感和通过情感指导孩子行为过程中的巨大作用的话，就让他反思一下那些空口无凭的话语带给他的幼稚经历，这些空话，对他而言，在他不晓得这些空话的真实意义时，会和情感一样对他的行为有较强的影响力吗？"谋杀犯""囚犯""通奸犯"在我以某种方式明白它们的意义之前，对我来说，它们就只是几个单词而已。要是哪一天，我成了谋杀罪和通奸罪的倡导者，就是因为这些单词所指代的事物在我的脑海中只能隐约呈现，还以一种不讨人喜欢却又无关痛痒的形式呈现——我意识不到这类事情的严重和恶劣。每一个孩子，在他遇到道德问题，需要做出判断之前，都已经掌握了许多可以界定"好的行为"与"坏的行为"的词汇，这种词汇界定是依据词汇所承载的感情色彩。孩子所懂得的这些感情色彩，在大多数情况下，都是孩子身边的人传授过去的，尤其是那些和孩子有密切情感关系的人，简而言之，就是孩子所敬慕的人。

独立自主

独立自主就是要自立、自尊、有毅力、有意志力，有独当一面的能力，若是有必要，有独立支撑一片天的能力。这些能力只能逐渐地一点一点地习得，小孩子必然会有依赖性。父母的最后一项责任就是基于孩子的依赖性帮助他学会独立自主。在弗洛伊德的思想占统治地位的时期，针对这个话题就有很多讨论，含糊不清的却又使人惧怕的"恋母情结"理论给父母与孩子之间各种美好、有益的关系都布上了一层厚厚的阴影，使很多胆怯的父母都不敢再爱他们的孩子或是不敢表现出一点牵挂孩子的痕迹。女孩子分享了父亲的爱，不可避免地被当成是母亲嫉妒的情敌，男孩子也因此成了父亲的情敌。父母和孩子之间的每一个难题、孩子反抗父母权威的每一次叛逆都被认为是源于这种隐藏的幼稚的爱，一种孩子对异性父母的爱。每一个孩子，在他的这种恋父或恋母情结完成它的生理使命之后，都必须经历一番痛苦的挣扎才能使自己从这种情结束缚中解放出来，过上自己的幸福婚姻生活。

在前面的章节中我就说过，对我来说，"恋母情结"理论只能算是个神话。这个理论的可行性主要是基于一些事例，这些事例中的年轻人事实上在他们青春萌动时期就遭受了性倾向扭曲的折磨。在大多数这样的事例中，父亲或母亲是应该受到严厉指责的：母亲允许她的小儿子睡在自己的床上——这样的事情（如果可能）在孩子一岁之后就绝不应该再发生；母亲让儿子成为她厕所行为的见证者；再者，很可能就是母亲慷慨地给予了儿子太多不当的爱抚。要是欧洲大陆作家的作品是值得信赖的，我们就会从中发现，欧洲国家的孩子偷听或是偷看到父母极度暧昧的话语或行为是再普通不过的事情了。对这样的不谨慎行为进行警告看似是没有必要的，但是由这些行为引起的神经紊乱性疾病却是客观存在的，这说明这些行为还是有危害的，因此，警告在很多方面还是必需的！这里有一个罗马的小故事，一位父亲受到了严厉的谴责，仅是因为他当着孩子的面亲吻了他的妻子。故事所揭示的内容是有点太保守和太过谨慎，但是却揭示了正确的行为导向。

无须借用任何理论阐释，成年的儿子对母亲亲切的关爱，或是成年的女儿对父亲亲切的关爱都是一件很美好的事情。在大数情况下，这种爱只有在父母需要的时候才会表现出来。令人费解的是，在当今这个人口过度密集的年代，既然这种关爱行为能无限地延迟结婚或是促使终生单身，为什么还要受到谴责，被冠上"不正常或是变态"的骂名？单身可能需要承担更高的责任，不再仅是结婚生子这类生理责任；决心单身的人也使自己失去了一项"事业"，这项"事业"，在大多数情况下，结果还都是相当令人满意的。在这里，我无心讨论一些精神分析师对这一现象所发表的危言耸听的废话。

然而，孩子是必须要经历由依赖到独立自主的过程的，在这个过程中，父母不应该放置任何障碍，应该尽其所能帮助这一过程的实现。如今，这一过程很容易过早地自己实现。女孩子，在还很无知的年龄，就产生了叛逆，要上一把钥匙就过起了自己的私生活。男孩子还未学会说话呢，就学会了执拗、不听话；在未形成任何观念之前，就做好了接受那些不合时宜的旧观念的准备。

　　要是父母的影响力已经让孩子养成了真心敬慕和做出明智判断的能力，在孩子养成独立自主能力的过程中，父母就已经完成了他们的主要责任。但是，作为父母，我们还有一些辅助性行为准则需要注意。大多数孩子都比我们所认为的要羞怯得多。甚至是对那些最友好的观察者，他们总是习惯于小心地隐藏或是伪装他们的羞愧、自责、不自信、对自己的担心和忧虑。他们的这些内心情感通常会借助咄咄逼人的自我肯定、吹嘘、鲁莽、炫耀或是执拗等行为外衣表现出来；我们要对这些行为表现充满耐心，千万不要匆忙下结论：对付这样的行为，只需要大力压制、大肆讥讽、嘲笑、羞辱等诸如此类的手段即可。几乎毫无例外，孩子树立自信需要的是鼓励而不是冷落、怠慢；就是因为缺乏这样的鼓励，许多孩子都不能够意识到他们内在的巨大潜力。有时，一句话就会使孩子产生一种挥之不去的阴影。我至今还清楚地记得，在我十岁那年，一位并无恶意的长者问我长大想当什么；"工程师。"我答道，当时我已经在浮想联翩了，眼前还隐约可见一些重大工程在运作的情形。"是吗？要知道，当工程师要聪明才行啊！"他以一种极其蔑视的口气说道。这句话毋庸置疑地把我的理想扼杀在萌芽状态了，从那以后，我数年就没产生过任何当工程师的渴望。要不是这句话，我可能已经建造了桥梁，开凿了运河，也成了一名社会有用之才了！极有可能很多孩子都有过类似的经历。

　　"赶走他的自负"是欺凌弱小的行为存在的理由，也是各种校园暴力得以合理化的借口。常常这些行为还都很成功，都会使被驯服的对象变得完全屈从于这个社交圈的风气和观念，对别的任何影响都无动于衷，成为这个社交圈忠实的一员，如此而已！

当孩子成就了某件事情时，要完全认可他的功绩，给予他应得的奖赏；当他表达自己的观点时，要对他的观点报以尊重，即使，在我们看来，这一观点是完全错误的，也不要专横跋扈地对他，把他的观点扔到一边；而是要尽力让他知道错在哪里以及我们不认同他观点的原因。学会友善地反对！孩子也会学着做同样的事情，不再固执地坚持自己的观点，而是把它作为一种可以修正的观点保留下来。鼓励孩子自我表达，尤其是对那些内向的孩子。任何形式的轻蔑、鄙视、嘲讽以及专横跋扈都容易使外向的孩子成为叛逆者，使内向的孩子养成封闭的个性，即使在以后的生活中，他不会遭受严重的精神错乱的折磨，其一生的生活也会因表达无能而受到严重的影响。

你的批评不要太随便、太频繁，也不要使用太过激的词汇！即使你孩子的行为确实应该指责，也不要恐吓你的孩子。即使他表现得很不好，你也不要说"你太淘气了""你是个坏孩子"这类的话，如果你愿意，你可以说："这样做是不好的，是淘气的。"要是你一直说他是个淘气的孩子，他最终必然会相信你的话，相信自己就是一个淘气的孩子，也就不会做出不淘气的事情来！让你的惩罚或是指责限制在孩子可以承受的范围之内；预料到你会惩罚或指责的时候，他不会充满恐惧；回想起你的惩罚或指责时，他不会觉得自己受到了奇耻大辱，心中充满痛苦的怨恨！

要留心你孩子的生活幻想！不用心寻找幻想迹象的人是永远发现不了孩子的这一幻想的，尤其是那些性格明显内向的孩子，他们身上的这种幻想要比别的孩子危险得多。生活中，具有一定量的幻想成分并没有坏处，要是这些幻想还能开诚布公地表达出来或是得到父母的认同，就不会达到无可救药的地步。只有那些因痛苦的、私自的伤心失望而产生的补偿性幻想或是那些因害怕被嘲讽而受到深深压制的幻想才是危险的，这些幻想为严重的精神错乱铺平了道路。

把帮助孩子形成公正的自我评价当成你的一个有意识的目标。许多孩子都对他们的价值、能力、魅力以及容貌没有清楚的认识，找不到自己合适的位置，充满忧虑，总是在疯狂的过高评价和过分的自责、自贬之间摇摆不定。鼓励他们自由地讨论自己，表达他们对自己及对别人的看法；当他们犯了明显的错误时，友好地对他们进行批评指正。

这一点不仅对养成良好的道德品质具有重要意义，还对树立良好的外在形象具有重大的指导价值。许多孩子都对他们应该以何种形象出现在别人面前拿不定主意；试着教导他们对自己的容貌形成一个客观的评价，并要对自己的容貌感到满意，不管怎样，要让他们把容貌看成是次要的事情。不要让他们看到镜中的自己就觉得可耻，现在许多孩子都产生了这种心理。只有十分愚蠢的人才会对观察自己的面容不感兴趣，这种兴趣并不一定就意味着虚荣，它能够帮助人们形成公正的自我评价。几乎每一青春期的女孩都会变得格外注重自己的形象；如果她确实漂亮，不要对她隐藏这一事实，但也不要总对这一事实念念不忘。许多女人，尤其是在美国，会当着年轻女孩的面当众对她的美貌大加赞扬，她们的这种行为是不可原谅的，几乎毫无例外地会对女孩造成严重的伤害。

许多父母尤其是母亲在孩子面前要养成一种明智的被动习惯。缺乏这种习惯的母亲总是放心不下孩子，不管孩子在游戏或是工作中是多么安全和快乐，这种麻烦的、过度担忧的、不明智的母亲总会不断地打断或干涉，给予指导、指令、责备、赞赏或建议；整整孩子的衣服，捋顺孩子的头发；不停地询问孩子是否舒适；以至于敏锐的旁观者都对孩子没有反抗她们感到惊奇不已。父母的这种行为不仅会让孩子感到厌烦，在以后的生活中，还会引发各种严重的错误和麻烦。

第十二章　写给年轻人的建议

在老年人心中，有一种永恒的传统，那就是认为青年时期是人生最幸福的一个阶段。这种假象的产生很可能归因于我们对过去幸运的误解，这种误解深深植根于我们心里并存在于回忆之中，这种回忆使我们更加愿意欣然地想起过去的光荣岁月而非苦难阴暗的岁月。然而，对于年轻人来说，他们如此喜欢炫耀这个假象是相当不幸的。因为，这会很自然地使他们对未来的展望暗淡无光。

或许，年轻人真的知道那些更加强烈的欢喜时刻，以及那些一切事情对他们来说都看起来像是"身着神圣的外衣"的时刻。但是，这样的时刻毕竟是短暂而少见的，并且，与之对立的必然是大量的苦痛和磨难，而且随着年龄的增长，对这些苦痛和磨难我们必然会逐渐不再"感冒"。青年时期本身是不确定的，而它对于社会来说也显得无知，因此，即使它看起来光荣、风光甚或有一种杂乱的快乐，但它本身依然充满了对自身的怀疑和焦虑。它对荒谬、微小场合之巨大遗憾的痛苦是负有责任的；它犯了许多最没有必要的荒唐错误；它不得不与一种看起来它不会在此后的生活中对其有所了解的强大力量的诱惑做斗争；在此之前，它还拥有一切巨大的、对社会调整的任务，在这种调整之中有时甚至是极其细小的错误也可能导致可怕的后果；它也不得不达到自己在这个世界中的位置。甚至在性爱方面，中年以上的人对此的幸福普遍有所参考，而青年人大多处于难以满足和值得同情的状态，他们对那些或许会导致可怕影响并且这种影响甚至会毁灭他们的余生的荒唐错误负有责任。太少的人能够回首自己的青年岁月并且诚实地断言自己的性爱更多的是一种幸福而非麻烦、痛苦或是绝望的源头了！青年时期对自己的力量、地位和健康都是不够确定的。它不得不面对诸多遗憾的必然性、痛苦失望的偶然出现以及残忍和苦难的可能性。

站在找的角度，找不可能不以一种同情的眼光看待一个年轻人；我也可能会使年轻人相信人生最好的岁月出现在此之后，那样的话他们就能理智地希望随着他们的成长，自己能变得越来越快乐；直到最后，他们能站在人生最后的边缘，宁静祥和地审视过去并很乐观地说"永别了"。让他们以一种上升直至巅峰而非下降直到谷底的方式来审视生活，上升到巅峰以后，从那里他们能够毫无妒忌和后悔地看待尘世的每一个王国。让他们知道斜坡上稍低的部分是最陡峭的，并且当他们沿此上升的时候，空气变得更加刺激，他们的器官能更好地与自己的任务相协调，他们的前途也更加丰富和让人满意。然而，这并不是真的让我们学着去嘲笑我们青年式苦乐参半的躁动，也并非要学着去嘲笑青年式的、伤害我们如此之深的错误，难道不是么？

青年时期，本来也应该是严肃的，对其自身也确实应该是严肃的；因此，记住智慧王国的座右铭："不要找任何借口来减少人性的责任，不要假装被太多的事情所羁绊以承认生活在时刻不断地奢求着。""确保距离你最近的那些人们是更加幸福的，或至少在当着你的面的时刻如此。"

现在，老年人承认他们的重要性并号召年轻一辈人来掌舵是一种流行趋势。而年轻一代的回应是建议颠覆整个世界，是创造一个清晰的、关于年龄的智慧的视野，是建立一切新生事物，当然也是更好的一切。缓慢、痛苦地包含着数以万计的爱国者的鲜血和巨大痛苦的政治制度已被肃清。道德也被完全地改变或是被自由的实验重新创造出来。

那么，如果我很幸运能拥有年轻一代的读者的话，我会请求他们记住"孰人无过，甚至我们中间最年轻之人也不能例外"，我也会让他们相信他们长者中的有些人，即使是那些迟暮之人也不像他们所想象的那样愚蠢；此外，我也会使他们在沃尔特·佩特①的笔下思考下面这一段话：

一个绝妙的秩序，

为世界所有，

以一千种半醒的方式，

被其覆盖，融入其中，

不可避免地渗透它的准则，

它特殊的语言，

它纯粹的端庄得体，

尽管某些部分仍然感觉像没有实现的理想；

如此，催醒希望，

也催醒唯一与人类伟大抱负一致的目标。

在对这个世界的改革中，你需要以一种温和的手段对待老一辈的事物，在你毁灭它们之前，你也一定要确保自己已有更好的事物来取代它们遗留下来的位置。勇于批判、勇于实验、勇于改革，这很好；但在批判、实验、改革的过程中，一定要保持你庄严的责任感和对由年龄而来的经验应有的

---

① 英国散文家和小说家。文风精练、准确且华丽。作为"为艺术而艺术"信条的倡导者，他试图将意大利文艺复兴的人文精神诠释给 19 世纪的读者。——译者注

遵从。尽管已逝去的一切在从"人对人是狼①"到"人对狼是人"的演变过程中做出了巨大的努力，但其中仍然渗透着"人对人不尽人道"的恶习。

热衷于社会变革这本身无可厚非，但是对年轻人来说，塑造自己比对社会进行变革更加重要。如果前一个任务被很好地完成的话，对后者的需要就会消失了。

"就像在更高层面上人类的生活为一个种族创造出一种道德传统一样，我们的生活为我们每一个个体创造出了一种道德传统，也一度表现得我们好像有理由总是像个贵族。"这是来自乔治•艾略特一篇文章中的一段见解深刻的话语。我们需要很好地记住它，同时还要意识到无论我们每一个人关于启蒙、关于高品位、关于高贵、关于美好性格、关于智慧曾经宣称的是什么，都已经被他从整个种族的传统中兼收并蓄了。他可能希望以最佳的好运增加这种传统。

向父母致敬

尊敬是无人敢忽视的。我们完全可以用"尊重"这个词来作为"致敬"现代意义上的翻译。尊敬你的父母——至少在表面上要表现出尊敬的形式，即使看起来他们或许不是那么体面。过后你或许会发现比现在对你来说更显而易见的、更多值得尊敬的理由。或许他们事先并没有经过太多对可能性的考虑和筹划就带给了你生命，这种可能性包括这种情况发生之可能性，包括能否给你良好机遇之可能性，还包括你的个体素质能否很好地承受生

---

① 由英国哲学家霍布斯根据"人性本恶"提出，即"每个人对他人都是狼（homo homini lupus）"。——译者注

活的紧张和压力之可能性。尽管如此，至少你的母亲已经因为你承受得太多；并且，除非不得已的情况下，她已经因为你而忽视了太多自己的事情，也代替你承担了太多的辛苦和努力。与此类似的是你的父亲也承担了诸如此类的事情，尽管他看起来或许在某些方面对你很冷淡，或是不甚友善，只不过父亲做此类事情的程度比母亲低点而已。

在父母不关心或是严厉对待孩子的行为背后，自然而然地储藏着一种潜在的亲切之感以及为你而自我牺牲的精神，仅仅只要接触一下现实，你急切的需求就能将这种储藏转化到表面上来。父母的失误更常见的是源于理解的缺乏，远非关爱的缺失。在任何情况下，他们都很看重并渴望得到你的关爱，即使是因为他们自身的错误而使得自己疏远了你。对你来说掌握原谅与和解的主动权远比他们容易得多；如果你有任意的哪怕是一点点的此类举动，他们都会对你十分感激，尽管他们或许只对此做出一点点的暗示。家庭成员之间相互关爱的联系是既多种多样又非常强烈的，就好像它是以自爱而对家庭其他成员所做出的、亲密的、爱的混合。正是这种强烈和多样性深深植根于家庭成员的感情之中，这种感情能够深深地征服一切对它的冒犯，能征服一切争论和决裂。

在世界面前，你代表了你的父母；并且，你的每一个荒唐之处，每一次品位、端庄或是自我控制的失败以及所有你深感内疚的情况都折载在他们门下。平等的是，无论你能成就什么或是变成什么，都只不过正好是世界对他们本人的赞扬的一种反应。你手里拥有你父母的名声，而对我们当中大多数人来说，名声是重于生命的。那么，你的父母应该对你的性格负责，而你则对你父母的名声负有责任；这种父母和子女之间的双向关系存在于一切爱的关系之上，也存在于无爱的关系之中，你无法逃脱也不能否认。如果这个世界上有什么是可以被称作神圣的话，那就是关系，是父母和子女之间相互关爱、帮助和服务的义务。这是这个世界上唯一不能被出售、被授权、被驱除或是被替代的事物。你有能力造成父母或许永远都无法恢复的伤痛，即使他们的生命是如此之久。他们对你来说无能为力，因此仁慈一点吧。他们是人，很容易失误，因此宽恕他们吧。不要急着生气，即使他们的眼界并没有你的眼界那么超前，也不要太轻视他们。你懂得痛苦的焦虑、快乐的希望、自责和失望的时刻也很快就会到来，而这些时刻几乎没有哪个父母能够逃脱。添加很少一点就能增加人类幸福的总量是你最初也是最后的责任和特权，降低苦难的总数也是；你需要尽一切努力以确保自己对父母的忍耐和友好。

对父母正式的遵从的古老礼节，或许很幸运地已经是过去的事情了。但是，也不要在相反的道路上渐行渐远。称呼你的父亲"先生"要比叫他"老东西"好得多。一个特定的对称呼的约束，甚至是拘泥的形式也是能够与温和的感情完美兼容的。然而，在言语或是态度上的溺爱则在很多方面都是不幸的，尤其是这种溺爱还可能会导致虚伪。没有什么比这更令人厌恶的：在一个家庭中所有痛苦的对抗、怨恨和恶意的行为都伪装在好听的话语和伪善的亲切之下。

年轻人很容易把中老年人归为与自己不同类的人。然而，对他们来说，意识到存在于各个年龄阶段之中、人性必不可少的一致性是非常重要的。我们老年人拥有相同的感情，相同的弱点，同样容易受到痛苦和悔恨的影响，也拥有同样的、脆弱的自爱；我们也有自己小小的虚荣，有自制方面的困难，也有自己的问题和希望。我们之区别于你们最主要的是因为我们比你们多了一点点知识和自制，因为我们更懂得自己的底线，也仅仅比你们更加清心寡欲一点而已。我们只是很容易感受到冷酷、漠视或是粗鲁带来的疼痛，很容易感觉孤单、压抑或是偏离方向。或许，最主要的不同在于我们不那么容易受到源自无关紧要的小事的难堪的影响，也在于我们拥有更加稳定的沉着姿态，其原因就在于我们对自身已经有了比较稳定的评价和某种看起来像相关价值的固定尺度。

兄弟姐妹

你与自己的兄弟姐妹们之间的关系也值得考虑和培养。这种"我爱他，就像一位兄长一样"的表达已经变成一种荒唐的、刻板的公式；因为，通常情况下，兄弟姐妹之间的关爱比朋友之间的感情更加无害，也不甚极端。尽管这种关爱也许比其他任何感情都来得珍贵。在我们与兄弟姐妹的友谊当中，我们的起点处于非常有利的地位；并且，如果这种友谊能够繁盛的话，他既能够拥有比其他任何关系都更多、更深的根基，也能拥有一个包含大量共同兴趣爱好和义务的背景。真正的朋友是一切财产中最稀有、最珍贵的；忽视或是毁灭这样的友谊是愚不可及的，这种友谊在赋予我们的时候已经是半成品了，我们对此没有任何的努力或是功劳。我们需要避免对它的冒犯，也需要时刻准备着以自然的亲切和同情回应它；这样的友谊自身能够繁盛，也会存在于很长的时间和空间之中，而其他没有什么可以如此。

每一个人都需要感觉自己作为一个成员安全地存在于独立于整个世界的团体之中；没有这种成员关系的人就像是一只不幸误入歧途的走失羔羊，不管他是居于群体之中，还是一人独居。除了家庭这一团体之外，没有哪个体群可以让他如此自信地主张自己作为成员的权利，没有哪个团体的权利可以如此完备和全面。

年轻人很容易轻率地尊敬或是否认对家庭感情的培养，这仅仅是因为这些价值是如此自由、不加约束和条件地就给予了他们。

另外，还有其他许多他们不加努力就能得到的美好事物，这些美好事物的价值仅仅在他们懂得感激、加强并充分地利用它们的时刻才能体现出来，而这样的时刻通常来说已经太迟，且于事无补了。此类情况的一个经验教训就是，它们是能够很容易就加强的，而如果他们不能把它们作为平常事物而接受的话，这些失误还可能会经常发生。我指的是那些良好家庭自然而然就带来的、和谐的社会交往场合，就像雨露、阳光等即使没有人类的供给和事先的考虑也会出现的自然事物。尽管任意类型的成功聚会都是一件艺术作品，但扮演好你自己的角色、尽你的一切努力以确保成功、绝不做任何可能会毁坏这种和谐的事情却是你的义务和特权。简单的野餐、聚会、令人愉悦的事件围绕着篝火；这些看起来或许是毫无价值的事物，尽管其在今后每一个类似的场合看起来都或许是独一无二的，也充满了再也不可能恢复的魅力。在漫长生命的过程中，这种完美的场合在回忆里或许会作为人生沙漠旅途中弥足珍贵的绿洲而凸显出来。因此，实现它们中的大部分吧，在你还拥有它们的时候感激它们吧，付出并收获你能拥有的一切。

第十三章 写给少女的建议

如果你是女孩，你的首要任务就是要使自己漂亮，你是人类理想的现实体现者，你是所有男人所崇拜和渴望的真、善、美完美结合、三位一体的化身。你的外在美体现和标志着人类生活的意义，但是如果你的内在美和外在美存在很大的差异，你就会使男人产生愤世嫉俗的情感，使他们变得粗暴和野蛮，甚至绝望。你是最高奖赏的分配者，在男人痛苦消沉的时候，你可以使他们感到安慰，露出甜蜜的笑容。漂亮女人的微笑具有世界上最强的威力，它既可以创造一切又可以摧毁一切，既然你是这强大力量的拥有者，人类生活的幸福与否也就主要取决于你了。

不要以为你不是那种得到普遍认可的美女，你就可以不用承担这重大的责任。要知道，任何女人只要她的眼里闪烁着温柔的光芒，她的举止文雅大方，她就是美丽漂亮的；温柔、文雅大方是男人所追寻的内在美的本质所在，缺乏它们的外在美或外在表象就是一潭死水，是一场痛苦的欺骗，是无情的造物主对男人施加的最残酷的诡计。

在这一点上，造物主对女人要比对男人仁慈，女人对男人的第一需求就是力量，上帝却没有赋予男人可以象征力量的外在体现，而女人却拥有温柔的象征物，女人的美貌有时则更像是一场骗局。因此，在配偶的选择过程中，男人的选择错误要比女人值得原谅。

当我还是个年轻人时，一位聪明漂亮的女人就对我说：女性美的影响力整体在下降。我不仅当时不相信她的话，现在也不那样认为。女性的美是一股强大的影响力，和任何其他力量一样，既可以用于卑鄙下流的动机，也可以服务于宏伟崇高的目的。不幸的是，这股影响力被较早地赋予了年轻女性，在那个年龄，她们还不能够对这股力量以及这股力量所要承担的责任有一个明确的认识；对这股力量的无知使她们肆意挥霍这股力量，并因此受到了许多伤害，有时还会使自己处在混乱不堪或灾难当中。面对这一股强大的诱惑力，你不得不控制自己，就像你不可以使自己在人类赖以生存的唯一生命之泉中投毒一样，一定要控制好自己的行为！

有人会告诉你，男人和女人除了生理差异之外并没有任何别的不同，千万不要相信这种胡话！男女的差别就是因为太微妙了，所以才很难轻易地定义，但这些差别绝对是深刻的、极其重要的。因此，不要向往做一个男人，要立志做个女人，以女人的方式做个伟大的女人。要认识到，虽然在和男人对抗的各个方面，造物主都对你施加了你无法摆脱的性别局限，却也给了你补偿，或说是补偿了你某些潜质，当然你可以对这些潜质加以利用。

愚蠢的人会告诉你，婚姻是男人为了自己自私的目的而强加给女人的枷锁，也不要相信这种话！婚姻是为了保护妇女和儿童而存在的，为确保这一目标的实现，人类所能想到的最好的策略就是一夫一妻制，这一制度不仅可以使女人免受男人或是女人自身的伤害，还可以确保她们在社会生活中有一个较高的社会地位。到目前为止，唯有一夫一妻制才给予了女人这样的社会地位。

不要让自己被误导而参与到所谓的反对"双重标准"（尤指性道德上"男宽女严"的标准）的抗议活动中去，总之，不要为了降低女人的道德标准，期望和男人站在同样的道德标准上，就致力于废除"双重标准"的活动中去。一般说来，这种行为是女性再度堕落的表现，它会让女性重新变成十足的臣服者、草率的堕落者或是彻底的无能者，要知道女性可是经过了两千多年的努力才摆脱这些定位的啊！几乎可以肯定地说，这种行为自身对你也意味着痛苦和堕落，"双重标准"是有不尽人意之处，但它是基于两性之间的身体和心理差异制定出来的，这些差异无论你怎么反对，确是客观存在的。即使孩子可以交给动物来养，甚至女性可以被彻底解除或剥夺生孩子和养育孩子的社会职责，这种心理差异也还是会存在，它甚至还会使女人违反造物主的意愿而变得放荡不羁——女人的不检点行为所造成的后果要比男人严重得多。为了使生孩子不再具有性倾向，我们这个年代做出了很大努力，也取得了显著的成效，可是结果却是令我们年轻的一代产生这样的疑问：既然任凭性倾向自由发展，我们不仅可以得到快乐又可以给予快乐，那么我们为什么要对此加以控制呢？既然彼此都可以给予对方性满足，为什么要压制性欲呢？为什么我们就不能顺其自然呢？问题的答案是双层的。

首先，"顺其自然"意义本身也就意味着违背自然。拒不接受文明的影响力，拒不履行进步的行为，即使有使我们变得高尚、智慧、文明的可能也宁愿恪守我们的卑俗、无知和野蛮，这些都是不"顺其自然"的表现。性倾向的升华是高质量生活的首要条件，但是没有理性的控制，也就不可能有升华。性倾向是和我们其他的各种本性密切相连的，不可以脱离它们而发生变化，反过来，我们的其他本性也对它具有深远的影响。对男人是如此，对女人更是如此，这也就是为什么一直以来女性的性放荡行为都被认为比男人更可耻的原因，这种观点还会一直存在下去！

其次，女人常因让自己"廉价"而让自己招人讨厌，使自己在男人眼中的价值受到破坏。我们人类就是这么奇怪，只会十分珍惜那些我们尽了很大努力，追求了许久才得到的东西。男人更是如此，他们从来不会看重那些低价购买到的或是简单的物物交换就可以实现的满足感；男人只有得到那些让他经受了痛苦、考验和磨砺才能得到的特殊、稀有之物时，他的内心才会充满谦卑的感激，他的欲望才能被温顺地征服，得到缓解。再者，渴望和厌恶是我们本性中两种紧密相连的情感，那种轻而易举就被赋予了特权的男人通常都会在渴望和厌恶这两种情感中来回选择，这一点，我们可以从生活在这种情况下的男人谈论女人时所使用的语言中窥见一斑。

总之，在原始社会，性功能是粗鲁、低级的，各种性行为也不顾及我们其他的本性，是一种自私、野蛮的行为。既然性行为已被提升到了人格的一部分这一高度，它也就融入了文明人类高质量的生活中，也就需要懂得控制、节制和体贴，女人正逐渐地实现这一点。这样做，女人不仅是在保护自己，同时还可以让男人接受这些文明行为的束缚，让他甘心成为女人的奴仆而非主人。

一般情况下，女人总要依据男人的口味来决定自己身体的暴露程度，这没什么坏处。记着：千万不要使自己成为所谓的神圣妇女解放事业的牺牲品。只要当地风俗习惯许可，你就完全可以穿得外露一些，就像我在一些东方国家见过的一样。有伤风化的行为就是违背了风俗习惯的行为，如果风俗允许你暴露三寸大腿，就不要暴露六寸，否则就可能披上伤风败俗的骂名；如果风俗只允许你外露锁骨，就不要露出你的后背；哪怕风俗仅仅允许你露出脖子，也一定服从！

有趣的是，唯一敢坚决反对那些固执女性的草率穿衣行为的竟是森严的罗马宗教等级制度。在意大利，也就是我现在写作的地方，所有教堂的门上都贴有反对女性猥亵的穿衣行为的罗马宗教宣言。

此外，我们当今的社会生活中存在着一种严重的病态：我们再也不能对女人、婚姻和家庭生活报以我们以前所拥有的那些理所当然的期待。如果你是那种对家庭、婚姻毫不在乎的女人，那么，请看在你同胞姐妹的份上，也留点长发，穿上短裤，保持完全中立的立场，试着从事别的事业来证明自己的存在，也不要参与到颠覆传统的活动当中去。如果你的态度立场不及上述的那么坚决，那就坦率地认识自己的责任，做好一般正常女性应该从事的职业的准备。如果你对女人、家庭和婚姻应该承担的责任还很无知，或是说自身还不具备承担这些责任所要求的素质，那么千万不要让自己盲目地涉足这些既严肃又重大的责任。

年轻女孩天生对婚姻充满好奇，大部分女孩还会对婚姻充满期待和向往。如果你是这其中的一员，你没必要羞于承认，在这一点上，女孩的处境要比男孩艰难一些，男孩可以大胆地宣称"我会结婚的"，而很少有女孩会说这样的话。一般来说，这种差异表明，女孩的天性、周围的这个世界以及两性都必备的自制力在要求她们保持尽可能的含蓄和矜持。这种差异，尤其是最近几年，在某种程度上已不像以前那么明显了，但其绝不会完全消除，即使两性在这方面追求平等的呼声还会更加强烈！

在和男人的交往过程中，女孩必须认识到，一些男人（有幸的是，这种男人并不多）即使在其他各方面都是非常讨人喜爱、让人尊敬的，在性这一方面却完全可能会是不道德、残酷无情的。这种男人坚信这一古老的信念：爱情和战争一样没有公平、公正可言；他们把每一个女人都当成他们理所当然的猎物。不幸的是，这种男人的大胆和机智反而会带给他们很大的好处。对大多数女人，甚至是许多十分幼稚的女孩来说，他们都极具吸引力，倒是那种对女性的贞操持神圣不可侵犯观点的男人不再受青睐。

警惕这种善于猎艳的男人！他们所到之处，都会成为女人注目的焦点，这种男人不会成为一名好丈夫。即使是没有浪漫爱情的婚姻，结果也可以是非常幸福的，但是不懂得彼此尊重的婚姻，是无论如何都难以容忍的。

尊重和崇拜是两种不大相同的情感。崇拜这种情感可能仅仅是由性格中的某一方面激起的，却倾向于波及性格中的其他方面；而尊重是相对冷静、客观、理智的一种情感。因此，当你崇拜一个看似很有吸引力的男人的时候，一定要问问自己是否尊重他，这个男人在更高层次上是否值得尊重；当你允许并鼓励这个男人注意你的时候，你就要认真对待了。试着把诸如你和别的女孩对待这件事的不同点、拥有一个美男子的兴奋感这些微不足道的东西放到一边去，你要知道你现在做的可是关乎你一辈子幸福的大事，这一大事成功与否很大程度取决于爱情伊始时你的行为。

要是你已经正式订婚了，你就要很坦率地让你的未婚夫明白这桩婚姻的责任和义务。如果你还没有要孩子的打算，或是你压根儿就不想要孩子，无论如何都要很诚实地告诉他，隐藏这一想法将会是一种无法原谅的欺骗行为。不幸的是，如今有些女孩就是靠这种恶劣的欺骗行为迈入婚姻殿堂的。"很多女孩步入婚姻生活，却怀着完全或是尽可能地逃避生孩子这一不良动机，还是直接点说吧，那种坚信可以在别的方面弥补丈夫的想法是没用的，真的一点用也没有，男人的天性压根儿就不会使他们相信这一点。所以还是提前意识到。"没有令人满意的婚姻基础，就不可能有令人满意的婚姻生活。"这一点比较明智（摘自 G. Courtenay Beale《婚姻现实》）。"

在正式订婚之前，女孩应该确信自己无论是在身体上还是心理上都做好了结婚的准备；无论是在哪一方面，她发现自己犯了一个错误，她都应该果断地结束这段姻缘。

另外，女孩有权利清楚，在医疗水平许可的条件下，她未婚夫的健康状况及整体身体素质情况。当然，在这一方面，她自身也面临着同样的风险，甚至还要更严重。当我们变得更加文明进步时，所有合法的婚姻都会要求健康许可证的，在结婚之前的那段时间，婚约双方交换健康许可证将会成为一种惯例，这是一种最有成效的也是最基本的防范措施。实施这一措施可以预防许多悲剧和遗憾的发生，可以挽救许多不幸的婚姻。对健康许可证的需求并不意味着是对婚约双方诚实、信用的诋毁，只是没有医学的帮助，谁也不能对健康问题有清楚的认识而已；此外，在做必要的医学检查时，医生会针对你的情况给予你一些关于婚姻生活的建议和指导，就这一点而言，婚约双方咨询同一名医生是比较有利的，虽然在多数情况下，就其他方面而言，结过婚的女医生对女方来说是比较好的咨询对象。

这既是一个非常重要的医学领域，同时也是被普遍忽视了的医学领域，培养这一领域的专家对社会是十分有利的。从诸多方面考虑，家庭医生是做这项服务的最佳人选，因为他知道这个家族中其他成员的健康信息。只是遗憾的是，大多家庭医生不具备这一领域所要求的那种成熟、公正的理念，而这一理念的形成需要大量的经验基础。即使遵守了这一防范措施，年轻夫妇双方还有责任和义务对医生坦诚相告，对医生隐瞒信息会对未来的配偶造成沉痛的伤害。在这一方面的任何欺骗行为都可以看作是最严重的道德丧失。

如果女孩发现自己或是未婚夫的健康状况，或是，他们的性格或观念不适合结婚，她就应该想到一辈子的单身要比一辈子的不幸婚姻更可取，即使勉强和爱人结婚，也不会给对方带来任何好处——除非这桩婚姻真能成功。

对女人耍小聪明的行为进行指责看似是很有根据，但在我看来，这并不是她们本性中的一种缺点，而只是那些一经发现就可以而且应该轻易改掉的缺点中的一种。可以肯定的是，女人的这种行为要比男人普遍得多，许多男人在追求他们的目标时会变得自私自利、残酷无情，但是很少会有男人像女人一样耍手段，哪怕是以最轻微的形式。女人之所以会有这一缺点，一般认为是缘于女人狭隘的家庭生活圈，相比之下，男人会花费更多的时间去培养他们多样化的兴趣，有更宽广的视野。可是那些真正家务缠身的女人反倒没有了这一缺点，这真是令人费解的不正常现象！一般说来，女性表现温柔的冲动更强烈，也更容易被激起，可女人为什么还会表现出更多的坏心眼呢？我自己倾向于相信，女人之所以会有这一缺点，一方面是由于女性的美好传统在这一方面缺乏精炼、完善，另一方面是女人自身也没为自己制定足够高的行为准则。

要是你在自省时，发现了自己身上这一缺点的丝毫迹象，你就应该想到，沉迷于这一缺点不会给你带来任何好处，从长远来看，这一缺点不仅会损坏你的性格，还会诋毁你的名声；不仅会激起受害者对你的怨恨，还会使那些看到你耍手段的人对你产生厌恶和蔑视，甚至那些本应为你的聪明叫好的人也会如此。因此，最好还是以更仁厚之心、更高远的目光来看待所有的痛苦和磨难——无论这些痛苦和磨难多么轻微，甚至是对手对你耍的小手段，把这一切都当成是值得同情的遗憾吧！

第十四章　写给少年的建议

不要太在乎太多事情！马可·奥勒留曾说过："永远记住：生活幸福与否并不依赖于所做之事的数量。"同时记住另一位伟人阿里克西·德·托克维尔的话："生活既不是一种乐趣，也不是一种痛苦，生活是我们都必须负责任的一件严肃的事情，它从始自终都和我们的名誉相伴而行。"要认识到，在你和同阶层的人或是处在底层的人进行对比时，你就很容易犯一种错误，按照李克的话说，你是在犯一种最常见的错误："把幸福和追求幸福的方式混为一谈，为追求幸福的方式却牺牲了幸福本身。"他还补充说道："生活中的大部分失败究其原因都是那些最微不足道的小失误，这些小失误本应不费任何吹灰之力就可以避免，这真是人生的一大遗憾啊！"所有这些话都表明：一定要把注意力放到真正重要的事情上。当你稳步地在向你的重要目标迈进时，所有那些小事都会在必要的时候自行出现并得以解决，你根本用不着为它们过于劳神费力。重要目标才是理想，在这一点上，我们必须认识到在追求目标时，只要我们是朝着这一目标前进的，目标自身就会变得明晰，追求目标的道路也会变得明朗起来。

有一个崇高的理想没什么坏处，但是不能受这一理想的驱使。名誉、高官、权力、财富和知识，这些东西都是好的，但是没一种是真正重要的。那种为了追求这些东西的一种或是全部而失去了健康，失去了享受快乐的能力，甚至人格的人是愚昧的！严格地说，世上没有任何事情是你所不能承受的，这个精彩的世界对你敞开了它宽广的胸怀，"你可以尽情地欣赏，尽情地体味"，因此你也应该敞开你的胸怀，松开你的手脚，毕竟我们能去体味、欣赏和行动的时间只有为数不多的几年，为数不多的几天，甚至是为数不多的几分钟。随着你年龄的增加，这点时间又会飞一般地流逝，你会为你错失的种种机会感到无比遗憾，因此不要使自己成为这样的人。

娱乐休闲信念的愚昧怀疑者，不懂得深刻体会的人，也不会有坚强的意志；

这种人的洞察力从不会付诸行动，更谈不上取得成果。

薄弱的意志力最终只会使他一事无成，

每年，我们都会看到这种人开始新的起点，

可每年又都会以失败告终，

踌躇不前，犹豫不决，

而光阴荏苒，

没有了今天，更是错失了明天。

为生活制订一个计划，并要坚定不移地坚持，你的主要目的要始终如一，但方法却要灵活。要知道生活的乐趣存在于不懈追求的过程当中，而非目标得以实现的结果中，因此要树立远大的目标，至少也要树立一个不是轻而易举就可以达到的目标。"人类一心渴求的那些世俗的目标，即使得到了实现，不久之后就会灰飞烟灭、不复存在，它们就像是落在沙漠表层的雪花，闪烁片刻之后就会消失。"

生活中真正难以做到的是坚忍克己，这要在人类渴望的虚荣得到满足之后才能达到。只有做到了坚忍克己，我们才可以怀着积极向上的目的和极高的热情投入到追求梦想中去；我们才可以以一种宽广、诙谐的眼光来审视我们自身及所从事的事业，为达到神圣般的完美而进行不懈的努力；

同时，我们才可以成为淡泊明志、懂得享受又热爱劳动的人。只有这样，我们才算真正尽情地享受了生活。

那种因放荡纵欲而把自己毁了的男人是令人鄙视的可怜虫。纵欲得到的所谓的乐趣是那样微不足道，几乎不值一提。男人之所以纵欲，尤其是性欲，并不是受这一乐趣的诱惑，而是生活在现代这种不正常的环境中一种本性的驱使。在我们这个文明的社会里，各种激起性欲的设备之所以会大规模流行并不是因为它们可以带给人快乐，而是可以激起人的一种欲望。而这种欲望与其说是一种乐趣不如说是一种折磨，总的来看，无论产生了多少次这种欲望，它们所带来的痛苦和折磨总是会多于所带来的快乐和满足。道德学家一直在告诫年轻人要避免游手好闲、放荡不羁的行为，其实要是他们能更加直截了当：放荡不羁所获得的所谓快乐压根儿就不是快乐而是痛苦，那就更好了！

唯一能确保你从性倾向中得到的是满足而非痛苦的方式就是认真严肃地对待你的性倾向，并对它加以控制和升华，使之成为你的奴仆而非主人。

然而，在这一方面，我们的生活中存在着一种不和谐的现象。对性倾向有越强自制力的男人在步入婚姻生活时越容易犯一个严重的错误：对结婚对象做出错误的选择，成为根本就不值得他为之付出的女人的牺牲品；因为升华后的性倾向很容易使他变得理想化，对对方的缺陷视而不见，误把缺点当成美德。在我们这个世界，到处都是魅力四射、让人钦佩的女人，可是却有那么多道德高尚、才华横溢的男人选择了低俗、狭隘的女人为妻，还有什么比看到这种情况更让人痛心的吗？在绝大多数这样的情况下，男人所犯的错误就是偏信了自己的情感而非理智，在犯这一错误时，他的情感动机中那一种真正慷慨大方的因素在起作用，事实上，这种慷慨大方应该表现在婚后而不是婚前。

你身边会有这样一些很流行的荒诞说法：婚姻是天作之合，命中注定的事；一个人只会有唯一的红颜知己以及其他类似的表达，相信这些胡话是疯狂的、荒诞的，会严重阻碍你选择的自由。你不仅应该意识到在你所及的范围之内有许多魅力十足的女孩，她们个个都可以成为你优秀的妻子，还应该明白无论你做多么明智的选择，关键是要走好第一步；第一步要想成功，你就要充分发挥你的聪明才智，彰显你良好的品格。

在选择配偶时，不要受"爱情是盲目的"这个古老说法的影响，这一说法是荒唐、不真实的。性欲才是盲目的，爱情是全知的。在你未发现女孩身上的一些缺点之前，绝不要向女孩求婚；女孩的外表美是重要的，但是心里美更重要，而健康是这两种美德的前提条件所在。

如果你所痴迷的女孩没有一副好身体，你几乎不可能会使她幸福，既然你不能确保她的幸福，和她结婚也就不再有意义！

在考查女孩的美丽时，要分清哪些美是主要的，哪些是次要的。几乎每一个健康的女孩都具有一定的丽质，但是那些令人目眩的纯粹的外表美会随着岁月的流逝（甚至会在很短暂的岁月里）消失殆尽。和漂亮的脸蛋、柔顺的秀发相比，好的性格才是永恒的；眼睛中流露的情感和口中表达的思想要比雕刻般完美的外形更能反映一个人的性情和品格。

一些女人不具有天生的美丽外表，却有很强的美的愿望，借助化妆品和华美服饰达到美的效果，让大部分男生对她们产生美的幻觉。男人要提防这种艺术造就的美！如果美丽是你择偶时首先要考虑的一点，那你就要看一看她在发脾气时、惊慌失措时、生气失望时以及疲惫、凌乱不堪时的行为表现；如果她能在一场严峻的网球比赛失败后依然保持平和、理智、乐观向上，那她就是美丽的；在人生战场上冷不防冒出个不按规矩出牌的人，她依旧可以应对自如、得体大方，那她就是漂亮的。

记着：在选择妻子的同时你也在选择孩子。孩子的智力水平、性格和品性很大程度上取决于你妻子的遗传因素，要知道，在这一点上，考查一下她近亲的一些性格特征，虽然不及考查她自己的那么有意义，也是十分重要的。如果在她的亲戚中许多人都是身体虚弱或是脾性怪癖的，那她就极有可能具有这些缺陷，即使她自身并没有表现出这些缺陷的丝毫迹象，它们也还是会被遗传给孩子。

在女性的魅力和美丽面前，男人倾向于综合性地来审视一个女人是很自然的，也就是说，在考查一个女人时，男人常常会把这个女人当成一个整体来看，把女人身上的某一个吸引他的魅力点扩大、放射到各个方面。要是她有令人销魂的小酒窝或是秀发；她有漂亮的脚踝；在篮球场上，她是一个优秀的后备中锋；她有机智应答的天赋；她有一种让他对自己充满自信的方式……任何让他着迷的某一点都会使其对女人其他方面的缺点视而不见，诸如：丑陋的嘴巴，畸形的耳朵，长歪的脖子，无法控制的坏脾气，无止境的虚荣心以及缺乏温柔体贴之心。可悲的是，他到后来才注意到这些缺点，为时已晚啊！那么，还是试着分析性地来审视一个女人吧，一点一点地、一个特征一个特征地逐个进行考查，不要要求女人在任何一个细节上都是完美的，男人应该追求的是一种整体的和谐美，但也绝不要忽视那些大的缺陷。　在道德品性方面，要看一看她对待老年人的态度和行为举止，这一点比其他任何考查标准都更有参考价值。一个年轻女人最美的莫过于是对老年人有发自内心的温柔体贴，充满耐心和尊重。如果你发现她具有这一美丽，她对老年人还有一些慷慨的怜悯之心，接下来就要看你的了，是你决定着是发扬还是损坏她的这一美丽。作为一种辅助性参考，对女人的母亲做一个客观的考查也是很有意义的，尤其是在这个女人和她的母亲有很多相似点的情况下：有其母必有其女。要是她母亲的脾性不能激起你的尊重和敬慕，那你就要三思了！

良好的家庭环境也是很重要的。生活在不幸福的家庭环境中，即使是有很好性情的人，也会对家庭生活产生严重的扭曲心理，女孩的父母应该为这种扭曲心理负责，为矫正这些扭曲付出的努力只会是徒劳，你没有必要为此白白浪费你的一生。

这里是一个老生常谈的话题：在选择对象时，应该寻找志趣相投的人还是寻找性格迥异或是完全相反的人呢？针对这个问题，我们应该区别对待。在各种情况下，我们都应该寻求那种性情平和、性格发展良好的人；在兴趣爱好方面，有一定程度的共同爱好和兴趣重合是非常可取的。要是一方热衷于自然美，很迷恋户外生活，而另一方却对宁静的乡村生活提不起兴趣，乐于生活在喧嚣的大都市中，这就是一种很严重的差异了。要是一方对艺术很感兴趣，对优秀的文学作品有很高的品味，另一方却对文字或艺术一窍不通，闻所未闻，这也会是一种严重的分歧。在性情和脾性方面有一定差异或是有很大差异可能不仅不会有害处，还会很有利，他们两者的性格可以起到互补的作用，这样，一方不仅可以纠正另一方的不足之处，在某种程度上，一方还可以利用这些不足之处，实现很好的效果。这些差异会有助于维持两性之间情意的新鲜感，远离婚后生活中的无聊和单调情结，许多已婚夫妇的幸福感都是因这些单调和无聊而大大减少，甚至有的都不再有什么幸福可言！

社会级别的差异在何种程度上就应该视为是婚姻的障碍呢？浪漫现实主义完全支持王子和乞讨女的爱情模式，清醒理智的生活常识却不赞同婚姻双方在社会地位、教育背景或道德修养方面存在丝毫的差异。这些差异的重要性是很容易被夸大，但你一定要认识到，和一个社会地位比自己高或低的女子结婚需要你拥有更多的幸福婚姻所必不可少的一些品质，比如你要有更多的精力、更细心体贴的考虑、更宽广的胸怀、更敏感的同情心。在故事书中，这种差异所造成的难题一般都可以很快得到解决，男主人让他迷人的同伴学上几节法语、意大利语还有音乐，事情也就算搞定了；但是在现实生活中，这些难题却更繁多、更微妙、更持久。

人们普遍认为爱情是盲目的，但也未必尽然。采用分析的眼光来看待一位吸引你的女子，你就几乎不会错过她的任何不足之处。既然结婚之后你必然会注意到这些不足之处，那还是尽可能早点发现比较好，以防它们是出于某种本性，对你们之后的婚姻构成严重威胁。在强烈的敬慕之心的影响下，特别是在性倾向也在起作用的情况下，对一个女子进行客观的评价是很困难的，但基于这一事实就不再做任何客观评价的尝试却是十分愚蠢的。那些诗学和神话传统总爱把性爱说成是一种神秘体、丘比特之剑、那种会以迅雷不及掩耳之势降临到我们身上的东西，这种说法确实对我们没什么好处，作为一种强烈的建议力量，它倾向于颠覆我们理智的判断。那种由冷静慎重的父母安排的传统婚姻一般来说还是很好的，有的甚至比那些自由恋爱的婚姻还要幸福。理智和情感在对待爱情问题时从来就不能够并行发挥作用，这是无从究其原因的，就像处理任何别的重要问题时一样，理智和情感总要有一方胜出才行。

如果已经订婚了，订婚的双方就进入了一个考核期，都要诚实、坦率地对待彼此，任何一方都有权对另一方有一个清楚的了解。要是社会能广泛认可"两个订婚期"，那就太好了，第一个时期是非正式订婚期，在这一时期，两个年轻人是伙伴关系，可以进入彼此的生活圈，却不会受到社会传统的指责和批评；这一时期应该是无期限的，起码应是不少于两三个月；这一时期结束的方式莫过于以下两种：一种是明确、正式地断绝各种关系，另一种就是庄严、正式地订婚，确定下来结婚的日期。第二个时期应该是短暂的，在没有任何严重的特殊情况下，这一时期结婚双方就不应该再有分手的想法。

既然目前，社会还没有认识到"两个订婚期"的好处，也就难怪异性别的年轻人不能够从这种订婚形式中受益，一旦这种订婚形式成为年轻人认识的一部分，他们就会从中受益匪浅。在美国，由于受流行至今的旧社会规约传统的影响，我上述所描述的爱情生活状态已基本形成，不幸的是，这些规约传统并没有发展到可以得到社会认可的"两个订婚期"的地步，我们看到的只是混乱的性爱关系下，这些规约传统的瓦解。

对我的"两个订婚期"的提议会有以下两种反对观点。首先，人们普遍认为，要是一个订过婚的女孩婚约被解除了，在婚姻市场上，她就在一定程度上丧失了应有的价值，就像是商店里的陈货或是二手货不再具有很好的市场。这一点是男人应该注意的，在订婚的初始阶段或说是第一个时期，男人应该确保不会玷污女孩的圣洁。我对现代传统中"青年男女的爱抚晚会"的憎恶真的是无法言表，这种行为令人作呕，是再怎么谴责都不为过的。性倾向渴望身体的接触，但是在初始阶段这一渴望应该被严格控制，看起来比较明智的做法是：即使是飞吻脸颊这最简单的举动都要受到克制，更不用说要把女人拥入怀抱之类的了。所有的身体接触都会激起或强化性冲动，令人蠢蠢欲动又令人挫败的性冲动不仅对身体健康十分有害，还不利于进行冷静的判断和对品质进行真实的鉴赏。正式订婚的时刻才只是初吻应该发生的时刻，最近几年逐渐时尚起来的胡乱打情骂俏的行为不仅是很不庄重的，说严重一点，还会对个人的幸福造成致命的威胁。如果女孩许可这种行为，她就是在对自己施加荒诞不经的残酷行为；对参与其中的男人而言，他是在降低自己的身价，把自己放逐到了"愚蠢人"之列。

对正式订婚前要有一个初始阶段的另一个比较认真的反对观点认为：爱情需要一个自然的终结，爱情总是具有排他性；要是一方面宣称爱情的存在，另一方面却在考虑爱情破裂的可能性，这看起来似乎是在贬损爱情的完美。这一反对观点是和"爱情是个神秘体"这一古老神话密切相连的，伪称爱情是个神秘体，会让我们为之神魂颠倒；要是我们不能拥有完美、完整的爱情，那就干脆不要拥有爱情，这种极端的观点是愚蠢的。爱情是一种情感，和任何别的情感一样，也会成长、变化、发展，当它发展到适合订婚的阶段或是更进一步到了可以结婚的阶段，你就完全可以不用考虑爱情彻底破裂的可能性了啊！

实验性婚姻不是一种可行的社会体制是由很多原因造成的，但最主要是因为女人会因此而在婚姻市场上比男人更快地丧失她们的价值。婚姻几乎总是能提高男人的健康水平，但是最幸福的婚姻生活却会对女人的身体健康造成威胁，对男人就不是如此。无论我们会变得多么文明，女人年轻时的天真烂漫、朝气蓬勃都会是最吸引男人的方面之一，这方面不仅是婚姻交易的一部分，还是所有男人心照不宣地乐于接受和看重的一方面。一个享受了女人风华正茂时情人特权的男人就应该陪伴女人度过她之后的生活，女人的青春魅力必然会随着岁月而流逝，这时男人应该更加温柔体贴地对她。要是"现代女性"不愿意面对和接受这一事实，她只不过是在无望地抵抗着"天性"，她的明智之举应该是意识到并屈从于这不可违抗的"天性"。我见过许多这样的婚姻，在女人的鼓动和现代诸多幻觉的误导下，结婚双方会就"任何一方都有随时终止已婚状态的自由"达成一致意见。这种婚姻没有一个是幸福的，甚至对幸福存有期待都是不明智的。

离婚程序的简单易行也很容易让男人和女人产生这样一种婚姻理念。和伴侣一起同甘共苦是婚姻关系中蕴涵的结婚双方都必须接受的一种责任，这一责任会让伴侣双方尽力相互调整适应，以充分享受婚姻生活；可是，对大多数婚姻来说，单在"享受婚姻生活"这一点上，就有许多方面会让婚姻一方或是双方感到很不满意。

和女人相比，男人是更容易游离感情的动物。即使是在依旧爱着和尊敬着一个女人的时候，男人还是很容易对另一个女人产生强烈的迷恋之情；恋爱中的女人是安全的，但一般说来，这一说法是不适合男人的。再者，当一个女人的情感和心思全都花在做母亲的事务中时，男人就会因此觉得他在某种程度上已经被从妻子的影响中放逐出来了，他的计划落空了，他成了局外人，或是被边缘化了，不再是注目的焦点，在这种情况下，男人就会有很高的出轨风险，毕竟一个女人不可能同时既是一个好妈妈又一个好恋人。无论婚姻双方终结婚姻状态的自由是默契的还是明确表明的，女人都可以很好地生活，即使失去婚姻会弱化男人对她的责任意识；男人是可以单方面践行这一自由的，也就是说：他可以在心里承认妻子也有主动随时解除婚约的自由，但是，男人绝不应该主动去寻求或是接受明确规定这一自由的任何提议。所以，我不知道那些反对我提议的观点的根据所在！

我极力反对过分强调性爱和性爱练习的重要性，虽然在一般情况下，许多持不同婚姻观念的流派都强调这一点。一个强壮的男人，即使是在没有爱情或是不放纵任何性倾向的情况下，照样可以生活，还会生活得很好，性倾向有时反倒会让他感到不自在（当然，除非这个人对性倾向产生了惧怕心理，否则这种不自在就不会达到很严重的程度）。

经过深思熟虑之后，要是你觉得自己确实不适合结婚，那就索性连性也一起戒除掉！许多杰出的人都是这样做的，要是你是一个意志坚决的人，你也可以做得到；这不仅有利于你自己的幸福，使你的工作很有效率，还可以使你避免对别人造成伤害——那种其他任何不如此彻底的律己行为都会不可避免地伤害。"游荡的公羊无论对自己还是对别人都没有什么好处！"

男人成熟之后，就应该能立即认识到自己何时会激情澎湃、欲火中烧，只有这样，他才可以对它加以控制。不要进行愚蠢的诡辩或是自欺欺人，实话实说就是了，性欲就是性欲，无论它怎样伪装，它都在我们每个人的体内发挥着作用；也不要在调情、进行着柏拉图式的爱情或打情骂俏时还自欺欺人，说什么没有性倾向在搞鬼，如果是在调情，那就光明正大地承认，没有必要假装自己是在做和别人有很大不同的事情。此外，我们一定要认识到纯粹的身体亲密接触在激起性倾向方面也具有强大的影响力。

在时兴女性秘书和速记员的年代，许多男人都会在他每天生活的办公桌的显要位置放上一张他妻子或是妻子和孩子的照片，这种行为并不是没有根据的。在这一点上，要想做到安全，就必须要认识到人性的弱点。一旦性冲动在我们体内发挥作用，我们就再也不能做出公正的判断，我们所有的价值观也都会立即转变、混为一谈。

说到这里，就要提一下以前那些皈依基督教的节欲者，他们为了直面挑战"撒旦的诱惑"，就和异性睡在同一室内，甚至是同一张床上。吉本就曾提到过这些"道德赛手们"："愤怒的上帝有时也会维护他们的权利。"或许，现代人很少会极端地把愚蠢的纵欲行为和这种道德英雄主义结合在一起，但是却有许多没有丝毫欲念的人使自己处在那种愚蠢的境地——任何正常的人都不可避免地会产生性冲动的境地。

不想犯通奸罪的男人就不要以一种不加约束的方式对一个已婚的女人献殷勤。许多女人，即使没有邪恶的念头，在现代荒唐的诸如"女性解放"这类理念的影响下，也会冒失地把自己和男人处在性敏感的处境当中，女人还想当然地认为男人会有自制力的，要知道在这种情况下，很少有男人能够自控！当然了，在大多数这样的情况下，作为行为举止的部分动机，这其中或多或少都含有一种想要"玩火"的潜在欲望。就像许多作家告诉我们的：女人渴望成为被渴望的对象。这一愿望促使许多女人表现出不应该的放纵之举；要是她们清楚认识到这一行为的残酷以及这一行为对男人激起的性冲动具有无法控制的性质这两点之后，她们就不会再放纵自己的行为了；这一说法是基于这种女人意愿给男人机会可以作为客观存在这一设想之上的，当然这一设想本身也是牢牢基于人类本性这一客观事实的。

因此，不要假装自己是一座夏日里不融的冰山，或是声称自己是文明人，能够抵御住肉体的诱惑而高高在上。人情味会让全世界充满亲情！在这一方面，一触即发的性倾向比任何别的情感都更强烈，这一情感的触发会使我们降低到一个新的水平，彰显出我们和原始野蛮人之间亲密的血缘关系！

第十五章　写给夫妻的建议

"所有人性中的美好、高尚都有着一种必然、自发的倾向。人类一切亲密关系中所体现的圣洁便是这种倾向的外在体现。关系愈近，情感愈挚……因为腻烦而横刀斩断这种种联系——无论是与生俱来的抑或是后天形成的——都是在将社会和人性中的美德连根拔起。"

——乔治·艾略特

我们或许也可以将托克维尔论生活的至理名言套用到婚姻上，那么：婚姻既非蜜糖亦非包袱，它是一项庄严的使命，成败因人而定，我们光荣赴命、义无反顾。并且与生活相比，用心经营一份婚姻所需的责任感更强。因为，此生为人天定，婚姻成败人为。

步入婚姻殿堂意味着你需扛起所有责任。这是一项你使出浑身解数才能胜任的挑战。甚至即便你出色到无懈可击，灾难仍有可能降临到你身上。因为在此，成功不仅取决于你，还取决于你的伴侣。再者，若即便历经命运诸多打击仍感到快乐，这意味着你的婚姻成功了；而若即便拥有多少其他成功仍感到沮丧，这意味着你的婚姻失败了。

然而，大多数人是在本能的驱动下选择结婚的。性欲的魔力令他们神魂颠倒，成规与无知处处将他们束缚。其后果则可想而知。托马斯·哈代——人性的伟大学徒——在其小说中便把这类夫妇刻画得入木三分：平平庸庸、信仰基督，彼此眼不见为净，动辄争论。鉴于这一不良后果，在当今这个不再墨守成规的时代，到处都听到人们要求废除或完全改变婚姻体制的呼声，这点也就不足为怪了。然而，人们还未能想出任何可行妥当的替代物，使个人同社会都得到满意。因此，那些选择步入婚姻殿堂的人便竭尽全力地去维持它，而那些担心自己无法成功经营它的人，则选择退而远之。

虽说有些人在结婚前考虑得十分周全，但他们中有太多人却是怀着不尽如人意的动机，或是对他们所做决定的后果和责任不甚清楚。"与其惊涛骇浪不如细水长流。"设想，被一群孩子围着，任你施展大将之风是一件多么快乐的事；而有个人为你提供心灵和物质上的舒适该有多好。所有这些都是合乎常情的理由。婚姻是培养性格的伟大学校。在这里，通过投入一项主要的使命——让另一个人快乐——我们得以发展和完备自身的性格。之前的那些理由也都必须从属于这点。一旦任何其他因素——个人抱负、社会职责、日常工作等等——占其上风，则昭示你已误入歧途——不管你的抱负有多崇高，你的工作有多重要，你的劳动对全人类的福祉是多么不可或缺。如果这些事对你来说更为重要，那你则需对婚姻敬而远之。

令人痛惜的是，年轻的姑娘在步入婚姻殿堂的门槛上，迫于那些见识短浅的朋友、亲戚的压力，在细枝末节上对整桩事的态度就已完全错误了。她们满脑子挂念的只是婚礼的社会重要性：排场得如何隆重，礼品需如何华美，如何打扮才能使自己不失为众人瞩目的新娘。而对于今后所要面临的社会职责有哪些，委身他人后要遵循什么样的准则这样一些问题，尽管大多数新人多多少少总会遇到，但却是越少涉及越妙。而有些明智的新人就略去了繁文缛节，婚礼上仅有一部分至亲参加。待其结束后，他们随即便可开始为期六个月的蜜月生活———一段不受干扰、私下相处的漫长生活。少了熟人的拜访、朋友的插手、他人的指点及社会责任的束缚，他们便可在此期间就彼此理解、磨合这一毕生课题上迈出重大进展，为今后的幸福生活奠定基础。（有位医学专家曾对婚姻生活做过特别研究，在此我援引他的论述："医生常会把年轻已婚妇女健康问题的祸根追溯到她婚后的前几周，他可能自圆其说；但如果他进一步深究会发现问题的真正源头是她单身生活的最后几周。这几周她们理应保持最旺盛的精力，但一刻不停的躁动不安、五花八门的琐事令这些女性的精力严重低于正常水准。从单身女性一跃成为家庭主妇无疑是个巨大转变，这一过程需要适应。而一个已经透支的个体是无法做到这一点的。如果新娘的健康状况正常，情绪平稳得以面对她将迎来的新生活，那么许多泡汤的蜜月之旅就可能不那么令人失望了。"（见 G. 康特奈·毕尔博士《婚姻实录》）婚姻中的两性基础至关重要。如果双方都无可挑剔，那么不管两人的结合如何仓促，他们的婚姻很可能会进展得很顺利。而一旦在物质基础上漏洞百出，那么即便两人的结合如何令人称道，感情如何细腻真挚，意图如何不落俗套，他们的婚姻也极少有可能是幸福的。能避免这样的婚姻触礁崩溃就该庆幸万分了。

　　性生活对所有夫妇来说影响都非同小可。这一举动完全源于不可遏止的本能驱动，但同时又需要经过最缜密的深思熟虑、最大程度的相互理解和最严格的自律自控。每天，数以千计的婚姻夭折在襁褓中，其缘由正是因为缺少以上限制。年轻人的想法很天真，他们或是认为婚礼仪式就是一张万能通行证，或是认为婚后就完全不需要自律，或者两种想法都抱有，他们因此也成为这些想法的受害者。这样的例子不胜枚举。从短暂的蜜月之旅归来的年轻夫妇们，失望懊恼，或是已厌倦了彼此。幻灭后的他们，或是在桥牌之类的社会活动中找寻乐趣，或是靠埋头工作来甩掉自己失去的"幻影"，或是暗自怀恨之前那个让自己痴迷的对方。

在哈代描述的那些"平平庸庸，彼此眼不见为净，动辄争论的夫妇"中，大约有四分之三的人早在蜜月时就助长了这样的态度。而这些不良夫妻关系很大一部分应归因于单方或是双方做爱时感觉的欠缺。一次完美的肉体的结合具有不可估量的独特功效。它可和谐夫妻关系，帮助一方迁就另一方性情上的缺憾，排除矛盾，促成彼此间的理解。印度教徒称男性家庭成员为"家中和平的捍卫者"，其中蕴含了似是而非的真理。然而一次完美的同床经历却是需要双方百分之一百的满意。正是这默契升华了人类的性爱，使它不纯粹是动物粗俗的交配、本能的冲动和生理压力的释放，而是恋爱过程中的巅峰一刻。一旦缺少了这一默契，即使性欲如何强烈，性生活也极少会给人带来快乐。这样的性爱给人的常是苦涩的余味，至少略带有些不满和羞辱。而这样的情绪总产生于令人不齿的变态性行为之后。

许多已婚妇女动辄发怒、脾气暴躁，大大破坏了家庭生活的美满。而这一总体现状十有八九源于性生活问题。虽然她们有很多渠道得以发泄，但这个不幸的沙袋往往是她们的丈夫。这时，这群男人的一举一动都可招来连篇的指责和谩骂。这类问题有时是由生理上的不兼容引起的，此种情况可通过药物治疗得以解决。而更多情况是源于缺少对爱情这一堪称艺术的人类情感的理解和技巧。

心有灵犀的默契升华了性爱，但还有另外一个不可忽略的因素，特别是在婚姻的前期，可以提升人类的性爱。那便是双方都意识到这一举动自然而然会致使女方怀孕，夫妇间将平添出一条新的纽带。在今后的多年中，两人将不可回避地肩负起一项重大但却愉悦的责任。并且在履行这一责任期间，一方需要另一方全身心的合作。鉴于以上原因，现代人习惯清晰露骨地表明刚结婚的一二年间不需要孩子，他们的这一表态是极其危险的。这种理解除了使性爱丧失了刚才提到的救赎性，还存在着极大的隐患。稍加观察便会发现，它在各个方面都给完美的性爱大打折扣，继而滋长出一连串由于性生活不佳而造成的惨痛结局。

我并不是在反对生育规划。它的实施在某种程度上来讲是必须的，也是至关重要的。它也不是什么新兴产物。在这个越发需要生育规划的现代人生活中，新兴的只是人们对此的普遍兴趣和不厌其烦的谈论。一部分人不赞成任何形式的生育计划，一旦有可能甚至想要彻底将其废除。这些反对呼声也不无道理。我理解许多医生不愿在这一问题上提供建议的做法。支持生育计划的呼声也气势逼人。我不赞成阻止第一个孩子出生的各种避孕手段，但在首个孩子出生后，同样的问题又接踵而至。

拒绝面对这一沉重问题或是借口说生孩子这桩事得完全顺其自然皆是无稽之谈、懦夫之言。性爱是人的本能行为，但同时也是需要由我们的理性和意志来规范的行为。有的男人一刻不停地"顺其自然"，把生育和照料一大群孩子的重负压在妻子身上，这样不仅毁了她的身体健康，也令其精神状况备受压抑。这样的男人或是过于愚蠢，或是过于奸诈，或是两者兼有。

即使一对夫妇向往有一大群孩子，主观客观条件也都允许，生育的间隔期仍是不容忽视的一个问题。如果完全顺其自然且不出意外的话，一对健康的夫妇至少会生育十五个孩子，且每两胎之间的间隔期是十八个月。但即便是对于生育能力最佳的夫妇，这个数字也未免过于庞大，间隔期也未免过于短暂了。即便这家主妇的身体再好，得以承受这样高频率生育所带来的巨大压力，她的生活却因此变得暗淡无光，尽是被无休止的生育和琐屑的家务所累。没有哪个女人有义务过这样的生活——除了扮演哺乳动物育儿的角色之外别无他样。这是我反驳的主要论证，除此之外，我认为极少有夫妇在道义上有权利这样做：为自己和后代在世界上争夺到这样一大块立足之地，在生活的盛宴中占有如此多的席位，在文明——每一个社会成员所享有的共同遗产——中受益到如此之多的美好。并且，要兼顾这一大群儿女，父母的关爱不可避免地在程度和效率上大打折扣。因此，考虑到母亲和孩子的共同利益，生育的间隔期不得少于两年，总的来说，两年半最为妥当。即使一对夫妇打算生育十到十二个孩子，在这样长的间隔期下也是可行的。

计划生育不可或缺，但有些过于学究的婚育顾问在意识到这点后，就认为完全节育才是唯一可行的方法。他们义正词严地引经论证，但事实上却是在一派胡言。一旦盲目轻信，必将给和谐的家庭生活带来严重危害。事实上，完全节育是造成大多数家庭问题的祸根。建议两个相爱的年轻人共同生活但却长期节育，是愚蠢甚至荒谬的建议。他俩若是真这么做了，那么各种各样破坏家庭和谐的隐患和危害健康的精神生理压力就会接踵而至。节育不仅会加大丈夫有外遇的可能，而且会剥夺夫妻间折中妥协的最好时机，剥夺他们为两人间重新注入温存、感恩、爱慕的最佳时刻。而众所周知，一次完美的同床经历具有以上这些功能。经营好一份婚姻实属不易，因此，很少有人能招架得住这些隐患所带来的危害。一系列的规则问题都同时涉及夫妻双方，需要两人一定的相互理解。但是对于年轻夫妇来说，有时虽然各自的出发点都是好的，但结果往往适得其反。

热恋中的年轻人常会发誓今后对彼此无所隐瞒。为了信守这一誓言，一些年轻夫妇会约定彼此有权利阅读对方发出和接收的所有信件。即使这一做法的初衷是令人赞许的，但却着实犯了禁忌。因为特定时间特定场合，履行这一条约很可能、甚至极有可能给对方带来不便和窘迫。没有人可以预见或完全排除这点，于是矛盾便纷至沓来。正如在其他场合一样，此种情况也须一方尊重另一方的独立和隐私。不管相爱有多深，彼此都是对方无法完全参透的个体，都具有做出私下判断或是抉择的权利，而对方也不能处处干涉。无论我们多么渴望排除一切壁垒，与对方融为一体，我们仍是分离的个体。

　　"相互尊重意味着耳鬓厮磨的同时也应相敬如宾，纵然是执子之手也应适时任其翱翔。因为有时在细心呵护的假面具下是你争强好胜的用心。"（阿米尔）

　　我们必须学会包容差异，不要仅仅因为彼此的不同而感到受了伤害。双方越是坦诚地意识到这点，承认这些差异是根深蒂固的，对两人而言越好。渴望完全理解对方并得到对方理解是人的通性，但我们需要意识到这样的理想状态是不存在的。因此，让我们克制住窥探对方的冲动，不要用"那把致命的匕首——追根究底的盘问——去刺探，去带来无尽的悲伤"。我们需要做的是给予对方倾听、关注、同情，而不是命令、期望，更何况在相互理解这点上后两者是徒劳的。相互信任比起相互理解更为重要，当我们无法理解时，请做到信任。

　　提到私人空间，起居室问题也值得重视。若条件允许，妻子应当有她自己的房间，丈夫经允许才得进入。他至少应当腾出一个带有睡床的梳妆室，这样一旦他的妻子感到需要私人空间，便可将他拒之门外——当然这样的情况越少越好。最佳的卧室安排是将两张单人床并排放置，铺上同一被褥连成一张。

　　在我看来，夫妻各居一室的做法充满了隐患。设想一下以下这一经常发生的情景。丈夫晚归（有时是不得已为之），妻子早已上床；丈夫不敢轻举妄动，以免刚入睡就将其吵醒，于是他没道"晚安"就上床睡觉了。这一事例令人不寒而栗，或者事态更为糟糕：两人间已有口角发生（因为即使最美满的婚姻也难免起争执），而双方在没有任何让步的行为或暗示下就兀自入睡。这一情形即使不使一方或双方彻夜无眠，也是极其可怕的灾难性预示。

但如果按照上文的建议去做，结果就可能大不相同。丈夫推门入室，发现梳妆室的房门未锁，就意味着自己可以入内。并且，他可轻轻耳语几声，既不打扰妻子安睡，又产生极其长远的功效。甚至，他可以把她的头枕到肩上。最令人欣喜的是，他可能会获得一些暗示——表层的冰原下流淌着一股强烈、真挚的暗流。这些看似近乎小事，但滴水穿石，"每一件小事都可能是婚姻生活的划时代标志"。

夫妻间的争风吃醋

近些年来，人们已习惯对夫妻间争风吃醋的言行嗤之以鼻。它折射出的情感无论何时何地都被斥为吝啬的体现，理所当然应受谴责。然而我敢肯定这种教条不但错误而且有害。有一种病理学上的嫉妒通常源于负罪情结。负罪情结的起源是人们或多或少受到压抑的越轨倾向，或是对于已有越轨行为多多少少受到压抑的记忆。这里的"越轨"行为可以是真实发生的，也可以仅仅是人的假想。而另一种极端的嫉妒仅仅体现了行为人对自身弱点的敏感，以及在独立和自信方面的缺憾。此种情况通常发生在一方痛彻地意识到自己在某些重要方面之于对方的差距。特别是关系一个人在社交中受欢迎程度的那些方面，比如个人魅力，言行举止的得体程度，社交中是否得体大方以及异性吸引力。

此类病态或是半病态的嫉妒会给双方都带来巨大压力。撇开这两者不谈，些许的醋意在那些恩爱夫妻的生活中却扮演着重要的角色。它是家庭生活和婚姻忠诚的有效防腐剂。如果某人的伴侣从未有过半点争风吃醋的言行——就像有些糊涂虫装腔作势的那样——那么这人移情别恋或是另寻新欢又有何妨呢？妻子就丈夫的行为争风吃醋无可非议。我在上文中提到过，大多数男人可以在深爱着自己妻子的同时被另一位女性深深吸引。同样，丈夫就妻子的行为争风吃醋也无可非议。因为妻子一方若有任何闪失，比起丈夫的失足，后果将会更严重，对家庭造成的影响会更恶劣。并且，女性更容易上当受骗，也更容易与异性产生超出友谊界限的感情，而设定这一界限却是明智安全的做法。令人匪夷所思的是，女性更容易迫于压力迎合对方或大或小的企图。并且她越真实、越温柔、越富有同情心，她就越容易向这类企图妥协。在大多数引诱已婚或是未婚女性的案例中，与其说是两性吸引，不如说是女性这种易妥协的弱点引发了这些悲剧。

出于爱对方而滋生的醋意不仅不可避免，而且无可非议。如果事出有因，而年轻夫妇却装作毫不介意或是向对方隐瞒自己的醋意，那他们就大错特错了。每个人若以正常健康的方式爱慕一个异性，并同时得到他或她的回馈，那么一旦对方对自己有所冷落或是对第三者有好感，打翻醋坛子也是人之常情。以上两种情况下，反倒是一方无动于衷才是心里没有对方的证明。

因此，嫉妒毫无疑问是爱情的见证人之一。众所周知，你不为一个人吃醋，意味着你已不爱此人（不管有些荒谬的理论是如此强烈地否定这点）。任何试图隐藏醋意的想法都荒诞不经。但我并不是说要人动辄大张旗鼓，而是说当每次对方的行为一有风吹草动，激起你内心的不安，那么无论这一行为有多无足挂齿，你都应当明确告诉对方你因此感到不快，并且坦诚地把问题说清楚。这样，你就防止了此种行为的再次发生，也防止了两人的关系在不知不觉中恶化到不可挽救的地步。对方有可能是完全清白的，或是没有意识到让你受到了伤害。因此，如果你不把内心的纠结如实相告，而让事态进一步恶化，那也只是自食其果。

如果真爱存在，那么这样的如实相告就足以防止事态的进一步恶化，足以避免同样的伤痛再一次发生。而如果两人之间的感情无以达成这两点，那你就可提出抗议，宣布两人分道扬镳，婚姻就此告吹。我在上文提到，结婚时说好两人可以随意分手是件愚蠢的行为。这两点看似矛盾，但稍加反思便可发现它们是一以贯之的。我坚持认为夫妻双方明确社交的底线对婚姻幸福有极大的帮助。一旦超越这一底线，两人的婚姻便可终结。并且，即使一方宽恕有外遇的一方，也是出于对一个有过失的忏悔者的格外施恩，而不是迫于情感、境遇或是社会上的流言蜚语无可奈何而为之。

人们向来对争风吃醋的言行嗤之以鼻，因此许多读者也许会不解我为何为它辩护。即使是阿米尔这样分析问题入木三分的人，也不免对其加以指责。我在此援引一段话，指出他在思维上存在的谬误，而这一谬误也是人们日常失误和困惑的根源。

嫉妒万分糟糕，
它表面同爱相似，
却与爱截然相反；
它不想错过它爱的对象，
却又想要独自拥有独立和胜利。
爱情让人忘记自我；
而嫉妒则是极端自我的体现，
是对自己独裁、专制和虚伪的赞扬，

因此也无法让人做到忘我和屈尊。

而相反，爱情是完美的。

像这样对吃醋的横加指责颇为泛滥，究其原因仅仅是人们极其容易联想到淫乱，而吃醋正是由这点应运而生的。如果我们与生俱来就没有吃醋这一情感，那我们又有什么理由不去滥交，不在欲火中烧时去恣意调情做爱呢？问题究其根源还得深入到礼仪和道德层面。第一个不言自明的回答是，这种行为会对确认新生儿的父亲造成困难。在这一点上，谴责吃醋的人会回击：为何要对父亲是谁大惊小怪呢？男性反感抚养非亲生的儿女，这点本身是吃醋的一个表现。并且，如今的年轻人若是足够理智、循规蹈矩的话，在父亲是谁及一些原则问题上是完全可以掌控的。因此，这一反驳即使不无道理但却经不起深究。那么，我们是不是该靠历练苦修、升华道德，去理性地根除嫉妒，顺其自然地享受生活呢？

回答是否定的，原因有两点。首先，无论我们如何真诚地携手去做，都无法根除嫉妒。至少可以这么说，我们在剔除嫉妒的同时也会剔除爱情。阿米尔用优美的文字诠释了在这些问题上我们常犯的错误和常有的困惑。爱情是一回事，嫉妒又是另一回事，两者可相提并论但本质完全相反。爱与恨的对立之所以成立是因为两者是截然不同、不可兼容的情感。但是，爱是一种情感，嫉妒则是植根其中，由此应运而生的感情。没有了爱，不会也不可能有嫉妒。阿米尔的格言"爱是忘我的"，只是在涉及纯真温柔的母爱时才成立，而即便是母爱也不是一味地如此单纯。它通常也会有所求，有所慰藉。因此，对于纷繁复杂的性爱而言就更谈不上忘我了。有时一个女人会因为坠入情海无法自拔而愿意为她所爱的人牺牲一切。可以想象，出于一片挚诚的慷慨，一旦她发现自己的情敌可使对方生活得更快乐，她甚至可以将自己的所爱双手捧出。但她虽然能做到这点，却免不了深感痛楚。

嫉妒在阿米尔看来是自我主义最为强烈的体现，这点千真万确。性爱也同样如此。在经历性爱时，自我主义和利他主义两种情感盘根错节。施爱的一方希望被爱的一方过得快乐，而他同时又希望对方的快乐是自己一手筑起的，至少也应有自己努力的成分。他同样也希望能分担对方的所有苦痛。这样，一方得到侧重，而另一方则退居其后。最不能令他容忍的是他无法分担爱人的喜怒哀乐，或无法揣测她情感变化的缘由。这些都是无法改变的事实，是由我们根深蒂固的思维模式决定的。对此种嫉妒有多少道德上的义愤或进行多少谴责都于事无补。正如人饥饿时理所当然会对食物有欲望，而去谴责这种欲望则不但缺乏理智而且毫无成效。

确实，在一些社会中，一家之主有时会按照风俗命妻子为朋友侍寝，以表高度敬意。那么我们不禁要问：为何不借鉴一下，出于两性平等考虑，赋予女性以同样的特权？答案是：这样的风俗只能在性爱还未昭然若揭的社会沿用。在这样的社会里，妇女的人格受到忽视，未得到发展。她仅仅是性欲的发泄物，种族繁衍、光耀门楣必不可少的工具。

性爱不可避免地会造成吃醋，但它同时也是人类进化的产物，对社会进步起了澡身浴德（退一步讲，至关重要）的作用。这是第二个可以回击有些人那些出于追求自由放荡生活而力求肃清嫉妒的回答。提到社会的文明进步，我们自然会想到古希腊。希腊文明达到了登峰造极的高度，许多艺术形式已上升到炉火纯青的境界，这点是众所公认的。然而，女性在希腊社会中的地位却极其卑微。一位德高望重的一家之主可任意出没青楼而不招人非议。这点反映了在古希腊，男性仅把女性当作私人财产看待。并且，它导致了同性恋泛滥、家庭破裂，最终导致了这一绚丽夺目但却昙花一现的高度文明迅速垮台。要使女性同男性一样成为文明社会的一员，性爱就必须延续。由性爱产生的嫉妒也必将成为她权利和节操的捍卫者。除此之外别无他法。

阿米尔对嫉妒颇有微词的言语也同时反映了常人的通病。其原因部分是由于我们未能意识到同一情感虽有或强或弱的表现形式，但其本质却是相同的。我们对这些表现形式冠以不同的称谓，于是断章取义便以为它们是本质不同的情感。这样一来，我们给"发怒"分门别类，称那些较极端的形式为"盛怒""暴怒"，而称那些较轻微的形式为"不悦""恼火""烦恼"。我们称强烈的害怕为"恐惧"，而称轻微的害怕为"惴惴不安""担忧""胆怯"或"慎重"。与此相同，我们仅用"嫉妒"来指涉那些更为强烈的情感，而忽视了"痛苦"和"轻微的抱怨"之间仅仅是程度上的不同。即使是那些最为善良、温柔的女性，当发现自己所爱也深爱自己的男人有任何移情别恋的蛛丝马迹时（尽管这种吸引可能非常微小），她也会感到阵阵痛楚。

既然如此就让我们高呼：妻子们，丈夫们，去为对方吃醋吧！毫不愧疚、坦率地告诉对方你的不满。如果对方的言行确实令你痛苦，那么请不要忽视和隐瞒你的感受，因为你无法做到。真诚坦率的同时你也需公正。在此我并不是要你去打翻醋坛子，过分小心谨慎，时刻监视你的伴侣，拒绝他或她与异性有任何友好往来，这样的做法会令你成为对方的累赘。但如果两人关系暧昧，对方接二连三寻求与年轻异性私会，或是客观原因为他们提供了私处的机会，你都有理由做出防范或是向对方坦言。任何轻微的调情都自然而然顺理成章地会引起嫉妒。如果已婚夫妇愿意调情，那么尽可让他们调情。因为他们之间的调情不会带来任何危害，在有些情况下结果还相当可喜。

我顺便要冒险谈谈一项个人见解。我这一看法与主流观点背道而驰，因此并不指望能获得多少读者的认同。在我看来，已婚的年轻夫妇去参加舞会，这一行为是愚蠢的。女性喜爱舞会的主要原因是她们能在舞会上受到关注。当然，希望得到关注的心理无可厚非，可能别无他念。但总的说来，现代形式的舞蹈给人带来的快感——特别是男性——主要源于它能带给人以性刺激。如果略去这点，那么现代舞蹈将立即像渡渡鸟（一种已经绝种，不能飞行的大鸟）一样绝种。当然，舞蹈作为一项艺术形式仍可在舞台上存在，例如像小步舞和其他追求优雅、庄严及需要动作协调的舞蹈形式。年轻人尽可继续跳舞，但有个问题确是每位年轻妻子必须面对的。她需要记住，当自己半裸着身子依偎着另一个男人翩翩起舞时，有两点是确信无疑的：要么她在折磨自己的丈夫，要么她丈夫对她爱得不深。如果妻子硬是要丈夫对这一行为置之不理，那么她也是在要求他对自己置之不理，同时她也是在传授给他寻花问柳的柔情艺术。

我之前谈论的仅仅是性爱方面的嫉妒，朋友之间或是其他圈子内的嫉妒则另当别论。有一种嫉妒的危害极其严重，即家庭成员间的嫉妒。这些年来流传着一个说法：每个孩子都会嫉妒他们幼小的弟妹。请不要盲目相信，这点并不正确。即使孩子们会相互嫉妒，很大程度上也是由于父母的影响。

没有什么比起夫妻一方跟孩子争风吃醋更令人鄙视的事了。这种嫉妒纯属无理取闹，完全可以避免。一个正常的家长在看到其他家庭成员间相亲相爱时会感到高兴，并会尽其所能巩固、支持这种情感流露。然而不幸的是，虽然大多数人都对其嗤之以鼻，大方地试图摆脱这种情绪，这种嫉妒并不罕见。

两个人在一起时，常常会为争夺支配权展开较量。这种情况在夫妻间也很常见，并且不比出个高下不会罢休。最终一方完全控制另一方。这不是我们期待的结局。即使一方在一开始就甘拜下风，这样的结局也应尽可能避免。我们不愿看到这种较量，唯一一种可以避免它的方式是分配工作和支配权，令双方都满意。自然和习俗为我们大多数人做出了令人满意的分工。妻子是一家的轴心，理所当然负责打理这个家。丈夫则需忠诚地服从她的领导，特别是在管理孩子方面。他对妻子的支持不应盲目顺从，而应有所反思，一旦自己的想法有实际帮助便会提出建议。雇佣人、选家具、设菜谱，特别是管教儿女，这些都是妻子该去操办的事。尽管有时初衷是好的，丈夫也应避免不必要的干涉。我并不是要他一声不吭，不发表任何见解或喜好，而是说当他的观点或建议不被采纳时，他应俯首称臣。对于妻子同样如此，她也不应干涉属于丈夫的领地。比如，他的职业工作，家里的财政支出，以及儿子们的教育和事业问题。

纷争

有些事没有列入风俗习惯的明文规定中。例如，该选择何处定居，该给孩子提供什么样的宗教教育，各项事务上的花销比例该为多少，什么样的客人该接见、什么样的客人又该拒之门外。在这些方面如果双方的意见不是一拍即合，那么最佳的解决办法就是坐下来好好谈一下，试着站在对方的立场考虑问题。一旦双方都愿意让步，那么达成较为可行的折中方案就势在必行了。最为重要的是，做出的每个决定、迈出的每一步都不致因为忽略了某一方的喜好而带来源源不断的苦痛，成为日后引起指责的把柄。

教导孩子是双方共同的责任，但在这点上，即使是最恩爱的夫妇也不免有意见不同之时。此时请不要低估对方的建议，武断制止或是反对。趁早私下阐明你的观点，通过心平气和地交谈近况，你们或许能给予彼此意想不到的启迪。但切记在交谈时不要固执己见，你的观点可能是错误的。

一旦两人间矛盾激化，请就此而止，因为争端仍有商量余地，大可等两人冷静片刻后重新探讨。千万不要一气之下奔出房间，"砰"地把门一关，以为这样就可解决问题。如果有可能的话，不妨出去静静地散会儿步，在大自然宜人广阔的天地中把问题好好想一遍。

有些人会采用这样一种折中方式：一旦双方间产生异议——无论是在公众场合还是在私底下——一方都缄口不言。这种方式并不罕见。虽然在实际操作中，无论是少言寡语的一方还是直言不讳的一方可以暂时稳定局势，这一方法的效果并不理想。比起两天一小吵、三天一大吵，这种方式或许还更胜一筹。但无论是妻子还是丈夫，沉默的一方总是不可避免会心存怨念。因此它是坦言相对于事无补时才采用的下下策。

两人处多了不可避免会偶尔发生口角，但只要保持理性，不让愤怒冲昏了头脑，说了不该说的话，那么这小小的口角并无大碍。如果你因为某件事不高兴了，最好开诚布公地说出来，但千万不要在任何场合说些尖酸刻薄的话，使你在冷静下来后后悔莫及。即使你是在用最隐晦的语言表达，也千万不要抱怨说你后悔这次婚姻，你嫁错人了，你原本可以找到更好的人选，或是你此刻非常失望。无论你之后用多少关怀和呵护去弥补，这样的言语给对方带来的伤害将永远不会愈合。在你有充分的理由指责对方前，请不要信口雌黄。并且，你的语气要尽量平和。

一旦口角或争吵发生，人们往往觉得天已塌下来了，一切都无可挽救了。请不要如此悲观。不要忘了对方承受的痛苦可能不比你少，所以尽量趁早挽回残局。生闷气总是于事无补，它在夫妻间的危害甚至是毁灭性的。有一则古老的训诫说得好：不要让太阳沉没在你的怒火中。这点在夫妻间同样适用。一旦有迹象表示亡羊补牢、为时未晚，创伤仅如同溪流表面的涟漪，不久将会愈合，那么这时便是彼此妥协的最佳时刻。

如果你在反思时发现自己也有过失，那么，即使对方在你看来同样有错，或是过失更大，你也应该立即道歉、退让。夫妻关系亲密无间，但这并不意味着他们可以无视日常礼仪，相反，他们需要严格遵守日常礼仪的方方面面。

夫妇应当经常在不受他人影响的环境下谈心，这点比什么都重要。然而，由于忙碌的生活和一屋的孩子，这样敞开心扉相互倾诉的机会往往非常少。如果有必要的话，人们应当有意地促成这样的机会，而且应当是由妻子开启话题。在我看来，早餐时间是进行此种聊天最佳也是最自然的时段。这是一天中唯一一段只要稍加安排便有相当空闲的时刻，也是一个大家庭中的父母唯一一段有理由单独相处的时刻。早餐时同妻子或丈夫一起读信是件很愚蠢的事，而读报则更愚蠢。这样做毫无意义（人们通常会把清晨收到的信件摊在餐桌上，这一做法令人反感，它违背了基本的卫生准则）。为何要在一天的开始就用报纸中古板的新闻充塞你的大脑？你大可在中午或晚上阅读新闻。你在日常对话中就可得知大多数颇为重要的新闻，并且，你的无知会令你成为那位少见但绝对的受益者——一位很好的听众。

许多人在吃早饭时表情愠怒，以为早餐时间是唯一不必强颜欢笑的时段。这一情况的普遍存在可能是造成这一误区的主要原因。然而，这种见解仅仅是人们缺乏良好健康状况和明智生活态度的体现。早餐时段应该是你一天中状态最佳的时刻。你跃跃欲试，仅仅因为"我还活着"这一简单的事实，仅仅因为这是新一天的开始。如果不是这样，那么你的健康和你的生活态度就存在问题。你也应当调整状态，找出问题所在。

你被束缚在可能存在的最为亲密的人际关系中，但这并不意味着你可以放浪形骸，展示与动物相差无几、完全丧失社会性的"自然人"一面。相反，比起其他人际关系，这一关系需要你更为严格、仔细、无误的自律，需要你更为审慎地观察寒暄客套甚至正式礼仪中无论是公众场合还是私下独处时所有至关重要的规则。在两种场合下你都需要顾全对方、顾全大局。试着指出对方的优点，给予认可、钦佩，当值得赞美时不惜笔墨、大加赞赏。请不要担忧这样做会"让她变得自负"或是令你自己屈尊俯就。如果你遵循这条原则，就可以在不冒犯对方的前提下做出姿态温和的批评。并且，对方稍加考虑便会认可你的意见。

你们在一开始交往时对彼此都有好感，那么，请继续扮演好这个角色。你们相互吸引、深爱彼此，这点非常重要，但它不能代表一切。恋爱时你们努力掩饰自己外表的缺陷，竭尽全力把自己最好的一面呈现给外界，可谓费尽心机。而相爱并不意味着你们可以因此懈怠。相反，你们需要更为乐此不疲地经营自己，因为无论你们怎么试图掩盖，婚后的亲密相处无疑会暴露各自的缺陷。如果这时你们还不把自己最好的一面展示出来，婚姻就可能面临危机。许多失败的婚姻究其根源就在于此。

如果出于某种原因你们之间的矛盾处于千钧一发之际，无论是坦诚相待还是共同退让都无法使之化解，那么定期的短暂分居不失为一项明智的选择。双方可以在这一段时期内稳定不安的情绪，给小题大做引起的疙瘩消肿，从合适的视角全面分析问题，更为清晰地看到对方的优点和自身的缺点。像这样经过协商的分居与双方继续彼此尊重、恩爱丝毫没有矛盾。

即使两人已明显情断义绝，特别是出于为孩子考虑，有时还是可以在世人面前保留一个婚姻的空壳子。首要考虑的应当是孩子的利益。但是，在一个父母连最起码的尊重都不给予对方的家庭中，孩子能得到的很少，或是毫无收益。

如果双方构成离婚的条件都已显现，并且事实上或形式上的分居已开始，请不要耿耿于怀拒绝离婚，因为离婚能解救双方。一个受了委屈的妻子极容易拒绝离婚，但她的这一做法于事无补。在这件事上你不妨做得大方一点，至少可以使你在对方的记忆中不被怨恨，可能他还会对你存有感激之情。

在有些事上是无法对所有夫妇订立一概而论的规则，共同旅游便是其一。做决定时需考虑到双方趣味的相似度及其他一些问题。如果夫妻双方都愿意一起娱乐一起度假，那毫无疑问他俩是值得祝福的。因为他们与此同时增进了双方的共同兴趣，积累了很多两人一起的回忆。当时的矛盾、争吵在回忆中却也显得其乐无穷，而当时那些振奋人心、令人愉悦的经历更会增进两人的感情。而对于那些娱乐完全不同，但凡假日总各行其是的夫妇来说，他们便丧失了以上所有的优势，这确实是相当惨重的损失。当两人兴趣相差迥异时，最好的解决方式是正视这一事实并采取对应措施，而不是牺牲一方，让他像一块湿毯子一样尾随另一方之后。这样的做法只会招致一方源源不断的不满。

有一些建议是分别针对妻子或丈夫一方的。这些建议适用于大多数人，不排除例外情况。但请不要随便把自己定义为特殊人群，除非你有充足的理由印证这点。之后的两章是分别致妻子和丈夫的。我把他们暂定为普通人群。

第十六章　写给妻子的建议

请不要忘了，一句"嫁给我吧"是丈夫能给你的最大赞美。他向全世界宣布你是他最在乎的女人；他给了你享受性生活的自由（而除婚姻之外，享受这种自由必遭非议）；他在能力所及的范围内在社会上给了你一个特定的名分。而与此同时他做出了许多牺牲，失去了很多自由。他本可以寻欢作乐，免受指责；本可以云游各方，四海为家；本可以放弃旧业，另试身手。婚姻实际上使他与人对半分享了自己的收入，并要履行未知的经济责任。他因此失去了许多同性或是异性间的友谊，很少再能问津对于大多数男人来说如此舒适、振奋人心的俱乐部生活。他天经地义地希望你能远远补偿他所有失去的东西，而你的主要任务就是确保他的期望不要落空。

如果丈夫坦言婚姻生活胜于单身生活，甚至胜于婚前丰富多彩、沁人心脾的恋爱生活，那么这位妻子就是成功的典范。竭尽全力去达成这点吧。同时不要忘了那些不可触及的东西，它们在婚前具有举足轻重的作用。婚前你对他而言充满了魅力和神秘感，光彩四溢，美好圣洁，是这些使他拜倒在你的石榴裙下。你有义务保持这种醉人的芬芳。同他一样，你是动物；但同他一样，你不仅仅是动物。同他一样，你是这个充满实际问题和道德约束的世界上的一员；但与他不同的是，你不只是这些，从某种程度上讲，你代表了理想，他的人生因你而有价值，你是男人们器重和追寻的目标。

你大可称其为幻象，但正是这个幻象给予人生无限力量。因此，试着维持这个幻象，并把它安放在尽可能牢固的现实基座上。

你至少拥有一定的外表美或内在美，这些是你赢得对方的主要武器。因此请珍视并好好利用它们，不要因为粗心、懒惰，或是过度自信而在任何一点上有所懈怠。那些在丈夫面前无论在外表上还是道德上如同破旧报纸一样的女人，是个傻子，是个邋遢鬼。女人的美非常奇特，令人难以捉摸，需要主人花心思去维持。

在性生活上，既不要成为你丈夫的奴隶，也不要成为奴役他的任性暴君。这整桩事十分蹊跷，无法用常理去判断。它轻盈、神秘地徘徊于泥塘和甘泉之间，需要由你去掌握平衡。请记住他对性的渴求是由一种你无法理解的迫切情绪驱使的，所以请不要过于残忍。但同时也记住你有权拒绝他的这一特权。如果你属于那类在性交中很少或丝毫不会感到快乐的女性，那么至少从你能善待和同情你的丈夫中找到快乐吧。如果你属于这一类女性，请不要由于这个原因把自己看得高人一等、不可冒犯。你这是在重要地段决了堤。正常女人可以带给丈夫的那种休戚与共的快感你无法给予。你的这一缺憾使你置身于非常不利的境地，因此你必须尽你所能在其他方面弥补你的丈夫。许多男人在忍受了妻子若干年的冷眼相对、乖戾任性后，不得不选择与其分手。

罗伯特·黑钦斯曾写道："男性喜好从妻子和家庭之外的女性身上追寻新鲜感，甚至是完全对立的事物。他们这种倾向的最大受害者便是妻子。"你的丈夫同样有这一嗜好，这点千真万确。只是它潜藏在深处，不易被发现。因此你要努力防止自己变得单调、自满，力求在大大小小的方面呈现出丰富多彩的自我，但切记是朝好的方面发展。

"妻子们，请偶尔宽恕一次你们的丈夫"，伟大的约翰逊教授如是说。

他所言极是。你或许会寄希望于这样的事从不发生，但请不要忘了它发生的概率非常之大。不要因为现代人无理取闹的叫嚣，什么性别平等、"双重道德标准"、女性权力，你就错误地认为男性在性生活上的出轨同女性在这方面的过失同样严重。这点并不正确，没有什么法律、风俗、传统上的改变能消除男女间这一植根于生理因素上的差别。

在此顺便提及一下，比起他，你在分居情况下的损失更为严重。个人损失无法衡量。除此之外，如果我们暂且认为双方的个人损失相同，你在社会地位、尊严上会损失更多。从某种意义上讲，你失去了一个特定的地位批准的自由，而他重新获得了因婚姻而失去的自由。

正如乔治·艾略特所言："如果一个女人觉得她的婚姻是个错误，那就再也没有可以抚慰她的东西了。"但是慷慨和忠贞可以帮你挽回这一看似山穷水尽的败局。

对于丈夫而言，四十到四十五岁是个特殊的高危期，这点妻子们最好心知肚明。大多数女人到了这个年龄都多少有点黯然失色，丧失了年轻时对男人而言的吸引力。而这个年龄段的男性依旧精力充沛，难逃诱惑。并且，有一个小小的声音在体内跟他轻轻耳语："机不可失，时不再来。这是你最后几年还血气方刚、容光焕发的年头了。"千万不要在此刻安枕无忧，觉得这些年来你在对方心中确立的地位理所当然不会改变。

丈夫若是酗酒成性，妻子负有相当大的责任。一些女性为使双方间关系和睦，买酒给丈夫甚至怂恿他们喝酒。这一做法用心良苦但却适得其反。而像清教徒一样命丈夫滴酒不沾，后果也同样严重。妻子在这一问题上应摆出正确的姿态。如果很明显丈夫已饮酒过度或是酒量猛增，妻子则应认真反思自己是否负有责任。许多女人让自己的丈夫变成酒鬼，过早地把他们推入坟墓，却全然不知自己是这起悲剧的主谋。

这类悲剧的最常见形式可能如下。丈夫在历经了一天或一周的公事操劳后,向往他的夜晚和周末能在家里得到补偿。他同时也希望家中的每个人开开心心,大家能一起谈笑风生,共享天伦之乐。然而,面对着一个脾气暴躁、牢骚满腔、尖酸刻薄,毫无同情心,毫无幽默感,举手投足间都寒气逼人的太太,他发现唯一能快乐起来的方式就是用酒精麻痹自己。随后,饮酒的剂量理所当然会与日俱增,他也就陷入了相当危险的处境。如今,一个已婚男子若是沾上酒瘾,其中总是有原因的。而这一原因八九不离十与他的家庭环境有关。

有些模范妻子一刻不离地陪伴丈夫左右,但这一做法是不妥当的。她们一心想成为丈夫的知己,但这样的做法却过犹不及。但凡情况允许,在家里或是其他地方她们尽可以大显身手,但她们总是尾随丈夫之后,兢兢业业地履行这一职责。这样的妻子可能因此成为丈夫的累赘,而这样殷勤陪伴的背后不免带有一丝不必要的醋意。因此,很难判定她的丈夫是幸运的还是不幸的。有些这样的妻子杞人忧天地认为她们的丈夫无法自己照顾好自己,像孩子一样,他们需要别人寸步不离的呵护。请斟酌一下这一问题,学会分清哪些场合是你应该出席的,而哪些场合是你最好退居其后的。

而另一方面,那些三天两头外出耽于已事,或是用丈夫辛苦赚来的血汗钱在外风流快活的妻子,也应当受到谴责。有些丈夫十分慷慨,任由妻子挥霍。虽说拒绝他人的馈赠会显得我们过于傲慢,但我们也应该适可而止。男人结婚不仅仅是为了满足妻子的物质需求。即使新婚时的柔情蜜意早已消逝,他仍需要妻子的陪伴。得到妻子更多陪伴的丈夫才会变得越发稳重。

那些有足够个人收入的妻子特别容易为了点芝麻大小的事,高呼独立,与丈夫失去默契，甚至是分道扬镳。拥有个人收入对于妻子而言毫无疑问是一个优势，但她不得滥用这一点。妻子在经济上的独立，本应有助于家庭关系的和睦。但令人痛惜的是，她透露出来的那种霸气常常具有反作用。妻子的这一优势事实上给家庭生活带来了隐患，因此就要求她拥有得体的言行和优雅的品位。

已婚妇女的一个常见通病就是过分重视社会地位和排场脸面。而男性则很少愚蠢到这点，很少像许多女人那样把自己的幸福、人格、健康，所有的一切都牺牲在这个恋物的祭坛上。这是一种近乎偏执的追求，一旦显现就几乎无可救药。然而，虽然没有整治的方法，但对于那些可能染上这一通病的女性而言，至少有一丝防患于未然的希望。因此，反思一下这一偏执有多愚蠢吧。史密斯夫人的汽车比你家的稍稍先进；她雇了过多的仆人；她有一栋宽敞的房子；到她家登门造访的客人更多，待的时间更长：这些都与你何干，你为何要因此感到不安？只要你的家庭基本运作正常，有格调，舒适融洽，你便拥有了最重要的东西，大可嘲笑那些不幸的芸芸众生攀爬富贵的种种丑态。

如果你在学术或艺术上的兴趣是你的丈夫不同时拥有的，试着让他多少顺应你一些。只要尽早培养，这点很容易做到。夫妻之间的兴趣截然不同，这种现象在美国相当普遍。无论从何种角度看这点都相当不利。毫无疑问，它是导致美国这片乐土上离婚率如此之高的主要原因。

在美国，有的妇女可享有比丈夫更高的社会地位，这就要求她们更会体谅社会地位较低的另一半。总的来说，美国妇女的生活极其安逸、舒适、自由，因此要向世人展现她无愧于这么多的待遇就取决于她自身的表现。

不幸的是，在女性的生活变得安逸奢华的同时，妇女们却越来越倾向于推卸掉自己的主要职责。她们越是从维持家庭基本需求的奋斗中解放出来，就表现得越具有反抗性。她们纵情快乐、满足自我的做法与一个母亲本应承受的痛苦和苦难形成鲜明对比。这样，她们不仅破坏了自身的幸福，动摇了女性的总体地位，也给整个人类文明带来了不幸，而她们是这一文明中最美丽的鲜花。

让每个女性在享受舒适家居生活的同时反思一下要维持这样一个家庭需要投入多少人类劳动力，让她意识到做一些事来回馈她所享受的物质生活是自己义不容辞的光荣使命。而她所能做到的最出色的回馈便是给予社会一家子优生优育的孩子。这些孩子会接过前辈的火炬，成为各行各业的领头人。这样的孩子每降临一个就是对社会福祉的巨大贡献，而要成就这样的孩子只能靠母亲大量的投入和付出。

当今女性们都试图证明她们在工作的同时可以把家庭打理得井井有条，这一想法糟糕透顶，既不诚实也不理性。一位生育和抚养了三个儿女的职业女性为我们勾画了一张逼真的图景。以下是她令人眩晕的时刻表。生育每个小孩需要花六周时间——总计四个月零两周。每周五天，每天一小时，奉献给五到十岁的孩子，总计至多一千小时，相当于两百个工作日。由此顺理成章地推出一个女人履行妻子和母亲的职责总共花费的时间不超过一年工作日，剩下的时间她尽可以投入到工作中去。有些严格遵从这一时刻表的职业女性告诉我们她们获得了辉煌的成功。

我并不否认少数极具天赋的女性可以不出任何差错完成这样的计划。但稍加审视你便可发现在这种计划表下成长起来的孩子不是营养不良，就是智力、性格发展不健全，或是三者兼有。你也有可能发现是一个勤勤恳恳的丈夫，在家收拾妻子留下来的残局。或者可能性更大的是一个外出寻花问柳、找寻慰藉的丈夫。

我在之前的章节中说过，为人父母就不得有重大的疏忽。正常情况下要照料一个家庭需要一个女人奉献出她最旺盛的精力，她的活力、效率最高的二十年中将近所有的时间。

诚然，对许多女人而言，拥有一份固定的工作——精力和能力理想的发泄渠道——很有必要。例如，未婚的成年女子，以及那些在照料家庭之外仍有余力工作的妇女。这些女性需要社会提供更多的机会给她们。目前有人高呼给予所有女性工作机会，也主要基于这一点，但却有失公允。

在此我冒昧地提一个建议——虽然它有些跑题。我们为何不创办一个公民自愿加入的"红十字社团"？它的成员可以是男性，但主要由女性员工组成。这些报名加入的女性一旦有闲暇时间和精力便可进行社团提供的工作。要想在医院和医务室这类机构工作的女性需要在应征时同意接受为期一段时间的培训。这样的培训课程对于每一位女性而言不都很有帮助吗？它具有极其长远的意义，女性们不仅可以因此照顾好整个家庭，而且可以关注好自己的健康状况。即使她没有结婚，没有家庭，或是已经完成了做母亲的主要职责，为社会提供最为宝贵的有效服务，一旦被纳为成员，每位女性有选择被列入有效名单的权利，也有选择在需要时退出的权利。一旦在名单之内，她就要整装待发，备战组织分配给她的任何任务。工作主要包括向那些受病痛袭击，或是失去母亲的家庭给予援助。无论科学和社会组织如何发达，一些个人和家庭都难逃人类不免会经历的沉重打击。"红十字社团"的成员也会给这些个人和家庭亲自提供帮助。这种服务因为成员的身体力行，不仅是受益者，施恩者本人也会受益匪浅。如果没有这一服务的存在，整个慈善行业存在的意义将大打折扣。这一组织的作用不仅如此，它还可以扭转目前的一种趋势——一个人只要生了比鼻黏膜炎稍微严重些的病，就会被送入医院，在那里他只是一个案例，几乎失去了做人的所有尊严。这一做法的弊端很多。现代社会的许多产物都在削弱家庭的功能，我刚提及的这一趋势是一个新增的破坏因素。它使家失去了照料病人的功能，取而代之的是一个冷酷、没有人情味的高效机构。公式化是现代人生活的危险警钟和一大缺陷。而这种趋势无疑是公式化生活的又一体现。　喂养婴儿是一个少妇的主要职责，在没有正当理由的情况下她不应委任他人。不幸的是，她通常会因此承受巨大的压力：这项差事迫使她几个月内足不出户，必须遵循严格的生活制度，她自身有获得自由的渴望；她的丈夫会时时挂心；医护人员会过于殷勤地嘱咐；她看到许多熟人来去自由的身影——这些因素联合起来，促使她找寻最小的借口去逃避这一责任。并且，如果她的情绪受到了刺激，或是她有一个不懂得体恤人、脾气暴躁的丈夫（这种情况很常见），对她提出无理要求，用任何一种方式惹她生气，那么，尽管她之前有再大的决心，也无能为力尽到这一职责。需要提醒她的是，对于大多数能够胜任这一职责的女性来说，哺育婴儿这事本身就乐趣无穷。在这一期间母亲和宝宝间建立的牢固纽带是通过其他任何形式都不能达到的，除母乳外再没有其他替代的营养品对宝宝的健康成长更有帮助了。并且，一次完整的育儿经历对女性自身而言也是有利的。

　　一个附带的问题——虽然不是那么重要——就是分娩时是否应该使用麻醉剂。现代临床医学强烈推荐使用麻醉剂，部分原因是麻醉剂的使用可以大大减轻医护人员的工作强度。同时一些女性也强烈要求使用麻醉剂。但是在我看来，如果一个女性的心智和身体完全正常，一切进展得很顺利，那她就没有理由不选择自然分娩。如果她选择使用大量麻醉，那她就给孩子带来了潜在的危险，同时也失去了一次增长自我母性和同情心的绝佳机会。但是当情况危急时，使用适量氯仿来缓解她的部分疼痛就无可非议了。

毫不隐讳地谈论她们的家庭生活是一部分已婚妇女特有的毛病。通常，她们这样做仅是为了显示友好，但更多情况下却是自我主义的一种体现——她们希望给对话增添趣味。有这一毛病的女性不但失去了朋友的尊重，也同时削弱了丈夫和孩子对自己的信任。家庭是一个小圈子，我们可以在其中做许多不愿公布于众的事。"那些任性地揭开婚姻生活面纱的女性，玷污了家的圣洁，将其沦为一块粗鄙的地盘"，乔治·艾略特的话点没错。

第十七章　写给丈夫的建议

"爱情即使就在深渊的边缘，也是崇高、唯一、无畏的，因为它讲的是无限和永恒。它是极其虔诚的，甚至会成为一种宗教。当一个人周围的一切在摇晃不定，在颤抖，而他躲藏在不为人知的幽闭处；当世界不再只是虚假或童话，宇宙也不只是空想；当所有理想的大厦消失殆尽，当所有现实遭到质疑，那么人还有多少定数呢？这就是一个女人的心。只有她会鼓起勇气昂首面对生活，信仰上帝，如果可以的话，还会说着祝福的话为和平而死。谁知道如此的爱和极乐？和谐的万物最好地证明了一个无限智慧和慈爱的上帝的存在，因为她是我们找到他的捷径。"

——阿米尔

是你的选择迫使你必须担负起这项最需要技巧和无畏精神的任务。同恋爱时一样，结婚后扮演主动一方角色的也主要是你。因此，你承担的责任就更大。你天真纯洁的新娘可能不了解生活的某些阴暗面，但她的天真无知也可能正是你欣赏她的理由。你需要了解一些常识，这些常识一旦缺乏就会给婚姻造成威胁。由于篇章所限，我无法详细探讨婚姻生活中需要注意的生理问题。要说清楚这点可能需要一本书的篇幅。你也应当在婚前仔细阅读一些这方面的书籍〔我所知道的一本关于这方面的不错的指南是G. 科特尼·比尔博士所著的《婚姻写实记录》（*Realities of Marriage*）〕。

尽管有若干章节的内容我不敢苟同，但总体而言这本书见解独到，十分实用。在本书附录中我也就这方面的主要问题发表了一些见解。

首先你应当明白你的妻子与你差异很大，否则你俩所需做的只是飞奔到彼此的怀中，剩下的事该怎么办就怎么办。这也是许多年轻男性常入的误区，认为一旦结婚就无须拐弯抹角尽可直入主题。这种想法从头到尾都很粗俗，事实令你不快、震惊，相信你也会很快明白过来。正因为有些丈夫贪图一时尽兴，不受理智约束，不为对方考虑，许多婚姻才宣告破裂，或是落到无法挽救的地步。请不要急于求成。如果你过于迫切地想一睹"百合的婀娜慵懒"，你很有可能不但一无所获，还会背负恶名。你现已得到的肯定远远不够，你需要比婚前更为殷勤地对待你的妻子。

很少有女性能像男性那样在洞房花烛夜时就如鱼得水，首战告捷。因为这事对你而言轻而易举，而对你的新娘来说不那么容易，有时甚至痛苦万分。因此你需要充分体谅对方，谨慎、克己地慢慢引导她。如果你站在她的角度考虑，你就不会像有些新郎那样下不了台，为自己的无能为力而感到羞耻。总而言之，在这桩事上，相互理解是唯一能够保驾护航的原则。顺便提及一下，有一点相当重要：正如女性每次总是被动、缓慢地进入角色，同样，在大多数情况下，她也只能在拥有相当长一段时间的性生活经历后，才可以把自己的角色扮演得尽善尽美。可能要等到她成为一两个孩子的母亲后，她才能完全得其要领、融入其中。而在这之前的所有经历可能仅仅是她出于怜惜丈夫给出的施舍，而不是配合完美的性经历。正因为在许多情况下双方都不清楚以上的这些事实，致使许多的蜜月之旅都或多或少令人失望。

请不要订立任何结婚条约。因为这样的条约一旦提出并得到认证，要么毫无意义，要么完全迎合提出条约一方的利益。许多男人认为享受性爱是他们理所当然的权利，他们因此令妻子备受折磨，也同时毁了自己获得快乐的所有可能。有时，由于他们自私、无知的行为，甚至毁了妻子的健康。

第一个孩子降临后，不要因为你一时受了冷落而感到受伤。如果你无法明白眼前这个不起眼的陌生小东西为何博得你妻子的如此厚爱，请至少同情她，为她高兴；看在她因为你的爱所承受的痛苦的份上，对她表示感激。当第二个、第三个、更多的孩子降临时，请保持同样豁达的心态。这些时候你需要在已有情感中酝酿出新的感情，学会感激和同情。如果你一味讲求自我、无视他人，那么之前已建立起来的纽带也会破裂或是受到重创。人们常把爱情看成一个标准的实体，它在降临到你身上时就已定型。这种看法荒谬至极，极易误导人。爱情是一项极其复杂的情感。它会改变、会发展，也同时会变质，会腐烂。

因此，如果你珍视妻子对你的爱（如果你不在乎，那你就本不该与她结婚），那么请好好耕耘这份爱。你需要在一周内反复让她确信她很美丽，你很爱她。有的年轻丈夫不这么做，他们就是在愚蠢地冒险。不能想当然地忽略这些事。即使女人们已被毫不含糊地告知这两点，她们仍乐意听到这些话。尽可能不厌其烦地重复这些话，反倒是略去这一步骤，会使你同你的爱人失去一项无伤大雅的乐事。

对于妻子的穿着、成就、工作，不管大事小事，你大可沿用同样的政策。如果她把为你和你的孩子营造一个舒适的家视为毕生的主要职责的话，那么她在一千零一件琐碎的日常事务上的成败就与这一伟业紧密相连，理所当然对于她而言至关重要。我们都希望自己的成功能得到一定的认可。如果从你那儿得不到认可，她会被迫到别处找寻认可。因此，当她取得出色成绩时，或是尽管结果不尽如人意但已用心良苦时，请不要吝惜你的赞美。

而在你想要批评或责备她时，请三思而后行。请记住她的优点，不要羞于直白的赞美。你不一定要去恭维她，但请在赞美时不惜浓墨重彩，而在指责时尽量轻描淡写。

请让你的妻子知道她和她的工作都受到你的认可，并且你也需要她的支持和理解。无论你的职业工作对你而言有多重要，请让你的妻子与你分享一些你的工作经历和成果。当你不得已要权衡工作和妻子孰轻孰重时，请把妻子放在首位。这点在结婚协议中就早已默认。无论你从事哪行哪业，是统帅三军的一党领袖，是举世瞩目的科学巨人，还是才华横溢的艺术巨匠，这些职业都没有你想象的那么重要，你也不能因为工作的理由对你的妻子有丝毫的怠慢。

如果你的妻子干起家务来无可救药地笨手笨脚，请不要公开或在暗地里唠叨。只要她的意图是好的，并且她已尽力，你就没有理由去抱怨。尽你所能去帮助她，不要老挂念着哪项差事是她的分内事。如果牛排烤焦了，土豆难吃到不可下咽，你大可选择面包和奶酪充饥。出门时即使外套没有扣子，也总比恶言相讥后双方不欢而散要来得好。

如果你的妻子干不好家务不光只是能力上的问题，而是有意逃避，那问题就更复杂了。此时你需要平心静气地提出不满，并且与她坦率地交流。两人看问题的角度可能不同，因此这时她也应当拥有发言权。但如果她在承认自身错误的同时仍不表示歉意，那情况就相当严重了。其中暗含的问题可能相当博大精深，你自身的言行极可能就是导火索。这时你需要姿态明确地表示分居是你唯一的退路。

如果她当真红杏出墙，你也需仔细反思一下你自身是否也有责任。丈夫不光有保护妻子的责任，他也有责任保证妻子没有受人引诱的机会。

如果他对妻子与他人间的暧昧不闻不问，毫无醋意；如果他怠慢或是忽视了她；如果他的行为使她有充足的理由嫉妒，那么就应当由丈夫承担主要责任，妻子的罪责也应大大减轻。尽管如此，人们通常认可丈夫采取的极端行为。文学著作中也很少有作者会为出轨的妻子完全洗脱罪责。

乔治·艾略特曾说："丈夫有种令妻子震慑的威力，为逃脱这种威力的左右，妻子不惜背叛。而一个情人从不会迫使她这样做。"不幸的是，不管法律法规怎样地推陈出新，社会习俗如何地发展演变，两性间地位的不平等仍不会消失，因为这点深深地植根于生理差异上。它不仅仅是经济或法律上的不平等。即使法律规定丈夫一生所有和所获财产的二分之一或四分之三会毫无疑义地归妻子所有，这样的不平等仍会存在。跟你相比，婚姻对你妻子而言意味着承担更大的风险。她的健康会受到威胁，即使是再小心谨慎，科学技术再先进，也不能保证她会绝对安全。她也有可能某一天失去你的陪伴，独自一人力不从心地把孩子拉扯大。你们的婚姻也可能最终破裂，而这一结局对她而言的损失会更惨重。这意味着她做一个妻子失败了，可能在她眼中这是唯一能证明自己价值和体现生存意义的方式。并且在世人看来她失去的尊严要比你更大。此外当然还有伴侣有外遇的威胁，总的来说女性在这方面受到的威胁要比男性大得多，这总会是她的心头之痛、无尽耻辱。

既然你占据上风，你就需要对妻子关怀备至、慷慨大方，否则就愧对于你身为人夫的头衔。因此，凡事循规蹈矩，特别是不要与其他女人"纯洁地调情"。已婚男人是不具有"纯洁调情"的权利的，因为他们已偷食了智慧之树的果实。

有的丈夫一旦妻子稍有疏忽，就大叫大嚷、以大欺小，或是愤愤不平、横加指责。毋庸置疑，家庭暴君是一个人人唾弃的形象。而有时面对妻子不尽如人意的地方，丈夫虽不动怒，但却表情冰冷严峻，不满之意溢于言表，令妻子生畏、受伤。这一做法毫不彰显，但危害更大，也更难克服。幽默、体恤、缠绵是唯一的保障。

你可以有个人或职业兴趣，但请不要因此将你的妻子弃之门外。虽然对你的工作而言她可能是个外行，但你总有可以跟她述说的心声，她也总有地方给你安慰和建议。如果你属于内向型的人，请趁早学会向她倾诉，让她察觉你的内心世界需要她。这样对你俩都有好处。不要觉得依靠她是什么可耻的事。你们越是依靠彼此，关系就越紧密。但如果你属于外向型的人，请别只顾着向她倾诉，你也需要学会聆听，倾听她的心声，在乎她说的话和她的情感需要。夫妻间讲求的是互利互惠，当然相互生气除外。

不要妄想你只要能让你的妻子享尽荣华富贵，玩遍大江南北，你就算尽到了做丈夫的责任。她也需要得到帮助别人的机会——特别是你，分享你的喜怒哀乐，在复杂问题上给你指点迷津，不管大事小事都陪伴你左右。如果你的妻子看似有些迟疑、拘谨，你也不要扭扭捏捏、羞于启齿，生怕有失自己的男性威严，或是自作主张地替她省事，尽管大声、明确地告诉她你的需要。

不要指望你的妻子无时无刻都充满理智。即使她从来都没有你称其为"理智"的这样东西，也不要因此摆出高人一等的姿态。或许她在感官、直觉和理解力方面要比你强。

女人天生感性，有些人会因为每月的生理期而严重影响自己的情绪。据说，每个女人一个月内都会有一次巅峰状态，在这期间她们都或多或少有些疯狂。这一说法虽然有些言过其词，但却切中要点。怀孕的过程与此相似，女性要暂别严格意义上的正常的精神状态，并且还需遭受相当程度身体上的不适。如果正值人生际遇的改变，那么这种躁动不安会更明显。许多妇女脾气暴躁，在心理和生理上出现抑郁症的先兆。在所有这样的情况下，就必须由你做出相应的体谅，尽你所能帮助她平稳地度过这些严峻时刻。庆幸的是，许多妇女在这种场合下都能意识到自己的需求，并对自己所得到的东西感激万分；许多男人也会以自己笨拙的方式迅速做出反应。这一问题虽然重要，但我不在此花费过多笔墨。

不要奢望你的妻子会美貌永存。因为美貌如昙花一现，刹那而逝。最美丽的女人也不能幸免于此。可能你在婚前见到的对方正处在她一生中的黄金阶段，美艳动人、活泼健康、充满朝气。但她不可能永远如此。总有一天，她会因悲伤、抑郁、痛苦，甚至是后悔、失望而失去原有的光辉。即使她能有幸避免这些不幸，流逝的时光也会慢慢消损她的容颜（而对许多男性而言外表美就几乎是美的全部含义）。那么，学会把外表美看成仅仅是内在美的符号和象征，学会欣赏内在美，意识到只有内在美才是主要的，才是经得起时间磨炼、永恒长存的。并且，为了进一步培养对方的内在美，你需要扮演一个积极、仁爱的角色。你们的爱情毫无疑问会变质，但你要确保它是朝着友谊的方向发展，彼此理解更深，相互信任、相互同情。

女人的青春稍纵即逝可谓人生的一大悲剧。她们的美在年轻时登峰造极，但却过快地谢幕，这可算是她们为此付出的惨痛代价。可以说，百分之九十五的女性本不该如此过早地衰老。究其原因，部分是由于她们自身的无知，不注重卫生；但更多是由于她们的丈夫愚昧无知，缺乏关怀。通常一个妻子年轻时，丈夫会为她的美丽感到骄傲。但如果他的妻子到了中年甚至是老年时依然秀色可餐，这时这位丈夫就更有理由骄傲，因为这其中有他的功劳。快乐是保持美丽最主要、最有效的防腐剂。

总的来说，虽然你俩的幸福休戚与共，但她的幸福还是更多地掌握在你的手里。在紧要关头，男人可以顶得住生活中苦难和悲怆的日子，他可以靠埋头工作勉强度日，可以在家庭之外寻求快乐。但是，要一个女人做到这点更为困难，她不可能做得像男性那样潇洒。因此，你担负着更为沉重的责任，那就是任何时候都首先要使她快乐。

几乎每一位丈夫都会提的疑问是：妻子的分内活他究竟应当插手多少？即使是一户人手众多、家丁充足的人家，这样的问题也同样存在。只是在人手短缺的家庭，这样的问题更为普遍而已。在这方面，美国丈夫可谓全世界的典范，英国男人大可以他们为楷模。但是，帮忙也需要有个度，否则就是画蛇添足。一个宠爱妻子的年轻丈夫，在他能力所及的范围内会为妻子做任何事情。家里有个男人可供差使确实是件好事。他可以帮忙煎鸡蛋、煮咖啡、烤面包，有可能的话甚至洗碗，为孩子洗澡。偶尔干干这些事他会感到很开心，但他最好不要过度侵犯妻子的领地。丈夫得以干这些家务，仅仅是听命于妻子，充其量仅仅是她的替补。并且他必须小心一点：自己的勤劳可能仅仅迎合了妻子的惰性。有的妻子在这方面会落落大方地得寸进尺。

管理财政和日常账目就是反映这一问题的一个特殊例子。英国男人习惯把工资的大部分都递交妻子保管，只留一小部分供自己日常花销。毫无疑问，这种安排非常适合小户人家。但是，这样的做法会令妻子承担很多责任。并且，在夫妻双方都有收入的家庭中，男性应当做得更多，去帮助妻子承担一些这方面的责任。在我看来，最理想的安排是：妻子对大致的支出心中有数，而丈夫负责记录、支付所有账目。因为记账这类事多数情况下更适合丈夫，并且过分在乎金钱上的细节是与女性毫不矫揉造作的特质完全背道而驰的。然而，像在许多其他事情上一样，在这件事上双方的性格特点和品味也是主要的考虑对象。如果你的妻子愿意亲手操刀，并也乐在其中，那就大可以放手让她去干。但一旦当这些事成为她的包袱时，就需要你及时将她解救出来。

请不要让你的妻子为你提供各种琐碎的个人服务。这也是许多丈夫专横霸道的一种形式。例如，我有一个朋友从来都不学着自己剪右手指甲，这么多年来不管妻子有多反感都坚持让她代剪。多么令人难以置信的一个傻瓜！但这样的人还为数不少。

而另一方面，不要出于男性的傲慢而不让妻子为你干她愿意干的事。几乎所有的女人都有母性；如果你的妻子感觉到你在很多方面都依赖她时，她会感到万分高兴。接受她的犒劳，并心存感激，即使有时你觉得自己会干得更出色。相互犒劳、相互感激可以拉近两人的距离。反倒是那些高收入、尽可能靠他人提供这些服务的家庭，存在着弱势和隐患。